村镇小康住宅示范小区
住宅与规划设计

主编　中国建筑技术研究院村镇规划设计研究所

中国建筑工业出版社

图书在版编目(CIP)数据

村镇小康住宅示范小区住宅与规划设计／中国建筑技术研究院村镇规划设计研究所主编．—北京：中国建筑工业出版社，2000
　ISBN 7-112-04095-7

　Ⅰ．村…　Ⅱ．中…　Ⅲ．①住宅-建筑设计-中国
②住宅-乡村规划-中国　Ⅳ．TU241.4

中国版本图书馆 CIP 数据核字(1999)第 54934 号

　　本书为我国"2000 年小康型城乡住宅科技产业工程"之一村镇小康住宅示范小区规划设计优化的研究成果。全书共分六章，主要内容包括：导言、村镇小康住宅示范小区规划优化、村镇小康住宅设计优化、村镇小康住宅示范小区规划设计的评价标准、村镇示范小区规划设计导则、村镇小康住宅居住标准研究。本书立足于超前性、导向性和示范性，全面系统地阐述了村镇小康住宅、住区的特点、构成、功能和环境规划设计优化观点、理论、原则、示例及其评价方法，是一部对建设我国跨世纪村镇小康住宅、住区具有普遍指导意义的专著。

　　本书可供建筑设计人员、城镇规划设计人员及村镇建设管理人员参考使用，也可作为村镇规划设计人员的培训教材。

　　　　　　　　　　＊　＊　＊

　　责任编辑：胡永旭

村镇小康住宅示范小区住宅与规划设计
主编　中国建筑技术研究院村镇规划设计研究所
＊
中国建筑工业出版社出版、发行(北京西郊百万庄)
新　华　书　店　经　销
北京云浩印制厂印刷
＊
开本：787×1092 毫米　1/16　印张：8¾　字数：211 千字
2000 年 3 月第一版　2000 年 11 月第二次印刷
印数：4,001—7,000 册　定价：**12.00** 元
ISBN 7-112-04095-7
TU・3217(9488)
版权所有　翻印必究
如有印装质量问题，可寄本社退换
(邮政编码 100037)

本书系国家重大科技项目《2000年小康型城乡住宅科技产业工程》中《村镇小康住宅综合技术》专题所属《村镇小康住宅示范小区规划设计优化研究》和《村镇小康住宅规划设计导则与居住标准的研究》两个子专题的研究成果编著而成的，研究单位及研究人员名单如下：

《村镇小康住宅示范小区规划设计优化研究》

承担单位：中国建筑技术研究院村镇规划设计研究所
    杜白操　李秀森　梁咏华
协作单位：天津城市规划设计研究院
    傅芳生　宋志英　屈阳
    北京建筑工程学院
    业祖润　张大玉　郝燕岚　欧阳文
    同济大学建筑城规学院
    李京生　赵月

《村镇小康住宅规划设计导则与居住标准的研究》

承担单位：中国建筑技术研究院村镇规划设计研究所
    刘东卫　李强　李秀森　梁咏华　傅芳生　赵喜伦等

前言

"安居乐业",这是先人给我们留下的宝贵遗训。漫长历史的社会实践一再证明,"安居"是"乐业"的基础。唯有安居,才能乐业。这也是今天党和政府为何如此重视住宅建设的缘由所在。改革开放以来,我国城市住宅建设历经20年的发展,取得了巨大的成绩,不仅在数量上有大幅度的增加,其功能和环境均有显著改善,从而使城市居民的居住条件上了一个新台阶。但城乡住宅建设的发展极不平衡,差异甚大。就乡村住宅而言,除了少量试点村镇住区是经过正式规划设计实施建设而外,绝大部分均系住户自发营建,问题不少。尽管20多年来,村镇住宅建设面积每年均数以亿计增加,但各种设施残缺不全,功能质量和环境质量离当代生活要求相差甚远。为了从根本上改变这种状况,发挥好村镇住宅建设的投资效益,促进乡村城市化进程,我们借国家"2000年小康型城乡住宅科技产业工程"项目实施之机,开展了"村镇小康住宅示范小区规划设计优化研究"。经过近三年的努力,课题研究工作于1998年6月完成,且经建设部主持的专家组鉴定通过。在此基础上,我们整理编写了《村镇小康住宅示范小区住宅与规划设计》。

《村镇小康住宅示范小区住宅与规划设计》一书,是系统论述我国乡村住宅、住区建设的第一部著作。该书立足于超前性、导向性和示范性的高新视野,全面、系统地论述了村镇小康住宅、住区的特点、构成、功能和环境规划设计优化观点、理论、原则、示例及其评价方法,是一部对建设我国跨世纪村镇小康住宅、住区具有普遍指导意义的重要参考资料。我们希望,该书的出版能为改善我国村镇居民的居住条件和生活质量,能为保障我国小城镇城市化建设标准,加速乡村城市化进程贡献一份力量。

在工作和成稿过程中,曾得到赵冠谦、开彦、吕振瀛、王东、王玮华、寿民、刘学功、高承增、雷宝乾、余永年、余敏飞、童悦仲、任世英、陈贻谅、张延宝等专家的关心和帮助,谨表深切谢忱!

此外,尚得到了相关课题的李彦平、赵健夫、黄三元、刘东卫、李强、赵柏年、赵喜伦、金大勤等先生的关心和帮助,在此一并致谢。

目 录

- 第一章　导言 1
- 第二章　村镇小康住宅示范小区规划优化 3
  - 第一节　村镇居住体系及规划布局优化 3
    - 一、现状村镇住区问题分析 3
    - 二、确立村镇小康居住体系 4
    - 三、合理协调生活功能与生产功能的关系 6
    - 四、规划布局优化 6
  - 第二节　节约规划用地优化 8
    - 一、村镇住区建设用地现状 8
    - 二、节约用地的确切内涵 9
    - 三、节约规划用地的优化措施 9
    - 四、节约建设用地、提高土地利用率的有效方法 10
  - 第三节　道路系统及交通设施配置优化 13
    - 一、现状及问题 13
    - 二、村镇住宅小区道路交通的特点 13
    - 三、优化原则 14
    - 四、道路等级划分及其功能 14
    - 五、交通设施配置优化 17
  - 第四节　公用工程及环卫设施配置优化 19
    - 一、现状及问题 19
    - 二、常规公用设施配置优化原则 20
    - 三、适合村镇特点的能源、公用工程及环卫设施的配置优化 20
  - 第五节　公共建筑的配置优化 24
    - 一、现状及问题 24
    - 二、优化原则 24
    - 三、公共建筑配置指标体系 25
    - 四、公共建筑项目的合理定位、布局 27
  - 第六节　室外环境质量优化 29
    - 一、室外环境质量现状 29
    - 二、优化原则 30
    - 三、优化的手法和措施 30
- 第三章　村镇小康住宅设计优化 39
  - 第一节　确立科学合理的家居功能模式——住宅设计优化的前提 39

第二节 住宅套型设计优化 ……………………………………………………… 40
  一、户类型及其特定功能空间分析 …………………………………………… 40
  二、户结构与户规模分析 ……………………………………………………… 40
  三、建立多元多层次的套型系列 ……………………………………………… 41
  四、户类型、套型系列与住栋类型选择 ……………………………………… 41

第三节 住宅功能布局优化 …………………………………………………… 43
  一、小康家居功能及其相互关系综合解析 …………………………………… 43
  二、功能布局优化原则 ………………………………………………………… 44
  三、优化功能布局的具体措施 ………………………………………………… 45
  四、功能布局优化与住栋组合 ………………………………………………… 48

第四节 专用功能空间设计优化 ……………………………………………… 50
  一、厨房 ………………………………………………………………………… 51
  二、卫生间 ……………………………………………………………………… 53
  三、贮藏间 ……………………………………………………………………… 55
  四、卧室 ………………………………………………………………………… 56
  五、起居厅与客厅 ……………………………………………………………… 57
  六、门厅 ………………………………………………………………………… 58
  七、餐厅 ………………………………………………………………………… 58

第五节 建造技术与墙体材料优化 …………………………………………… 60
  一、3Z新型混凝土砌块建筑体系 ……………………………………………… 60
  二、采用几种节地节能适于村镇住宅建设的墙体材料 ……………………… 61
  三、解决村镇住宅结构和构造上常见的几个问题 …………………………… 64

第六节 建筑节能优化 ………………………………………………………… 65
  一、合理控制建筑物的体形系数 ……………………………………………… 65
  二、合理选择建筑物的朝向 …………………………………………………… 65
  三、合理确定窗墙面积比 ……………………………………………………… 65
  四、确保外围护结构的热工性能 ……………………………………………… 66
  五、提高外门窗的气密性 ……………………………………………………… 66
  六、从采暖空调系统及供暖送冷方式上节能 ………………………………… 66
  七、改善管理方法 ……………………………………………………………… 67

第四章 村镇小康住宅示范小区规划设计评价标准 ……………………………… 68
  一、评价内容及方法 …………………………………………………………… 68
  二、建立评价指标体系的基本原则 …………………………………………… 68
  三、指标体系的主要特色 ……………………………………………………… 69
  四、村镇小康住宅示范小区规划设计评价指标体系 ………………………… 69
  五、村镇小康住宅示范小区规划设计评价等级标准 ………………………… 70
  六、评价结果的计算方法及标准 ……………………………………………… 75

第五章 村镇小康住宅居住标准研究 ……………………………………………… 77
第一节 村镇小康住宅居住标准体系 ………………………………………… 77

一、指导思想 ·· 77
　　二、村镇小康住宅居住标准的特征 ·· 77
第二节　村镇小康住宅居住标准的内涵 ·· 78
　　一、村镇小康住宅建筑标准 ·· 78
　　二、村镇小康居住环境标准 ·· 79
第三节　村镇小康住宅居住标准建议 ·· 79

第六章　村镇示范小区规划设计导则 ··· 84
1　总则 ·· 84
2　小区规划设计 ··· 85
　2.1　规模与用地 ··· 85
　2.2　规划结构与布局 ··· 85
　2.3　道路与交通 ··· 86
　2.4　住宅与住栋群体 ··· 86
　2.5　基础设施与公共服务设施 ··· 87
　2.6　绿地与环境设计 ··· 88
　2.7　环境质量保障 ·· 89
　2.8　技术经济指标 ·· 89
3　住宅设计 ··· 90
　3.1　基本原则 ·· 90
　3.2　户(套)型与面积标准 ··· 91
　3.3　功能空间 ·· 92
　3.4　设施与设备 ··· 92
　3.5　结构与室内空间环境 ··· 93
　3.6　技术经济指标 ·· 94

附加说明 ··· 95
修订说明 ··· 96
附　　录 ·· 100
　　一、居住组群空间围合的基本手法 ·· 100
　　二、村镇住宅小区实例 ··· 100
　　三、村镇小康住宅实例 ··· 111
　　四、住宅不同的拼接方式 ·· 120
　　五、居住组群围合空间的基本形式 ·· 122
　　六、村镇小区道路设计规定 ··· 124
　　七、停车场(库)布置及尺寸 ··· 126
　　八、管线综合 ··· 128
　　九、我国部分地区建筑朝向表 ·· 130
　　十、不同方位住宅间距折减系数 ··· 131

参考文献 ·· 132

第一章 导 言

所谓"优化",我们的理解是,遵循客观发展规律,采用科学方法,对某事物进行本质的改革或完善,并最终使之在功效上获得显著提高的全部过程及其结果。具体到村镇小康住宅示范小区规划设计优化(以下简称"优化")来说,就是要以实态调查、发展预测、规划设计实践为依据,运用多种建筑逻辑语言进行综合分析,对比研究等方法,针对其主要问题及缺陷,进行构架和机理上的改革及完善:凡是存在问题的,要针对问题进行有效的变革和修正;凡是尚未顾及到而存在空白或无定式的,则应从新建立起科学合理的模式或制式。本书将按照上述优化的涵义,通过认真扎实的研究工作,为跨世纪村镇小康住区规划和住宅设计推出建立在新观念、新思路、新方法基础上的新模式和新成果。

(一)"优化"的目标定位

村镇小康住宅示范小区规划设计优化的目标是通过调查分析和研究探索,最终推出一个能满足21世纪初叶(2010年前后)我国村镇各业居民文明生产、生活方式,满足不同户结构、不同户规模住户小康家居功能需求的,即一个适用、安全、卫生、舒适的多元多层次的村镇小区及村镇住宅系列。

(二)"优化"的指导思想

为人服务,以满足人的舒适生活需求为准则;更新观念,革除陋习,吸取农居精华,构建与当代村镇新的生活方式、生活水平相匹配的居住形态;小康示范小区及小康住宅的功能质量和环境质量的保障,主要应以当地资源及具有乡村特色的科技含量为支撑;迁村并点,形成规模,提高建筑层数,配置公用设施,节地节能,向乡村城市化迈进。

(三)"优化"的基本原则

1.要体现乡村特色。这些特色是:

(1)户类型多。一、二、三产业多业并存,种植业、农副产品加工业、工业、商业、服务行业等不同类型住户对住宅有各自不同的需求;

(2)多种燃料,多种能源。这对厨卫空间尺度、功能布局和设备设施配置带来一定的影响;

(3)"两小"、"两大"。住区规模小,居住密度小,相对于城市而言,其户均宅基地大,户均建筑面积大;

(4)人口规模小,但服务功能应基本配置齐全,故公共建筑及设施宜采用多功能综合体,如一店多用、一厅多用、一站多用、一场多用等等;

(5)浓郁的民俗风情、宗教信仰和亲密的邻里关系对住宅建筑的住栋围合、公共空间的构成及形态提出了特定的要求;

(6)伦理道德观念强,"尽孝"仍不失为一种主导的社会风尚,多代同堂屡见不鲜,家庭人口多、辈份多、户结构繁、户规模大等等。

2. 要解决现存的主要问题。这些问题是：住户分散，住区规模无定式，生产生活交混，功能紊乱，设施残缺不全，环境质量低劣；住宅多为独立式的一、二层建筑，占地过多，建筑面积大但功能不全，不适用，设备设施奇缺，功能及环境质量差；多进行无规划设计的自发建设，科技含量低，技术落后，构造不合理，隐患多，事故时有发生；原有住宅绝大部分为砖混结构类做法，灵活性、可改性差，满足不了现代生活方式及不断发展变化的家居功能的需要；住宅功能空间的专用性不明确，不合理使用；建筑空间三维尺寸过大，与人体尺度和使用要求脱节。从房屋、设备到家具的尺寸既不符合模数制，也没有彼此间的尺寸协调等等。

3. 要贯彻节地节能政策。通过对人均用地、建筑物层数及体形系数、容积率等指标的控制，通过墙体材料改革，并合理利用地方性建材资源，通过提高外围护结构的热工性能、外门窗的气密性以及对能耗的合理调控等手段，来达到节地（包括防止毁坏耕地）节能的目的。

4. 要把握村与镇各自的特点。村镇住区的称谓、构成及规模，应根据各自的情况自成体系；村镇住区的公用工程设施和公共建筑应根据村镇各自的使用要求及自身的环境条件配置（定项目、定规模）；村级住区（中心村庄）应尽可能采用天然能源及再生能源（如太阳能、天然气、生物质气化、煤制气和沼气等）；村与镇各自的住户构成有较大差异，其住宅的类别和套型应根据各自的户类型、户结构、户规模系列对应安排；鉴于镇区比村庄人口密度高，故镇小区住宅一般应比村庄住宅层数为多，人均用地及户均建筑面积应比村庄住宅为小；由于镇区公建多集中于镇中心，故仅为镇住宅小区服务的公建可视具体情况从简配置，而作为中心村级的公建往往与为本村庄居民服务的公建合二为一，故其项目配置一般应较齐全。

5. 可操作性要强。规划设计是建设的龙头，村镇小康住宅示范小区规划设计优化的目的，就是要将"优化"了的规划设计作为一种手段，来提高村镇住宅和小区的建设质量，这就要求本"优化"研究的成果具有切实、方便的可操作性，即：观点清新，措施具体，方法步骤明确，对有关形态模式及定额指标等具体技术经济问题，尚要采用定格、定位、定性、定量和图表解析等方法加以阐明，以便广大规划设计工作者应用推广。

第二章 村镇小康住宅示范小区规划优化

第一节 村镇居住体系及规划布局优化

一、现状村镇住区问题分析

通过对全国(大多数是沿海发达地区)近100个村镇住区实态调查的统计结果表明,虽然我国村镇每年的住宅建设量很大,形成基本规模的住区也有一定的数量,但都不同程度地存在着功能不完善、公用工程配套水平低、居住质量和环境质量差等问题。这些问题是:

(一)住区功能不完善

约有70%村镇住区的生活功能和生产功能混杂,住栋之间关系混乱,缺乏必要的功能分区和层次结构;道路不分等级也形不成系统;没有必要的生活服务设施,绿化及公共活动空间贫乏,谈不上完整的居住功能,与当代社会经济发展严重脱节。

(二)住区杂乱无章,土地浪费严重

大多数村镇住区系自发建设,格局陈旧、杂乱无章,源于小农经济的独门独院至今仍广泛蔓延,房屋层数低(大部分住宅仅为1~2层),占地面积大,土地浪费十分严重。

(三)环境质量普遍较差

调查中还发现,大约有2/3以上的村镇住户虽然对住宅本身很重视,经济投入也大,但通病是忽视室外环境质量,道路、绿化、户外活动场地及设施的建设往往是无人过问,因而造成了人们常说的"室内现代化,室外脏乱差"的局面。极不适应小康生活的需要,急待改善和提高。

(四)基础设施薄弱

普遍的情况是,村镇住区无大市政依托,除供电情况稍好外,水、气、暖、讯大多是残缺不全,污水处理和垃圾处理是空白,道路和停车场地也离正常的使用需求差距很远。特别是有的村镇住户分散,规模又小,根本不存在配置基础设施和公用服务设施的条件。此次实态调查证实:采暖地区有90%以上的小区无集中采暖设施;60%以上的地区系雨污合流且无污水处理;25%以上的村镇住区道路铺装率较低。总之可以说,大多数村镇住区的基础设施需要重新规划,从头做起。

(五)缺乏为农业服务的必要条件

有些村镇住区在规划设计中没有妥善安排为农副产业服务的相应设施,致使"为农业服务"的思想没有得到充分体现,包括未能安排小型农机具的停放场地,未能安排口粮、菜蔬及其他生产生活用品的分类贮藏间以及就近小型的晾晒场地等。

(六)未能继承和发展民居优良传统和地方特色

我国村镇居民点经过几千年的发展变化,各地都有不少颇具特色的传统居住模式,包括选址依山就势,与环境有机结合;因地制宜,根据环境容量确定住区规模;就地取材地运用地方材料;倡导"风水"理论,据此构成以体现民族传统和地方特色为特征的聚落格局等等。而这些年来的村镇住区建设,不是照搬照抄早已过时的城市住区的那一套,就是自发建设,各行其是,杂乱无章,无机无序。总之一句话,就是缺乏建筑传统文脉和地方特色。

(七)村镇居住体系尚待确立

由于村镇内涵的复杂性,即由于各地经济发展的不平衡及各地环境容量的差异,村镇彼此的人口规模差别较大,加上地理气候、宗教信仰、文化传统和乡风民俗等诸多因素的影响,致使居民点规模过小且过度分散,受自然条件决定的零散格局尚存,至今还没有确立科学的、系统的、规范的村镇居民点规模等级制式。

二、确立村镇小康居住体系

所谓村镇小康居住体系,系指县域范围内村镇不同等级不同规模居民点系列有机构成的定式。它除了居民点等级结构自身外,尚包括分级对应的商业服务、医疗卫生、文化教育、娱乐活动等点网体系。确立一个科学合理的村镇居住体系,这对于提高村镇居民的生活质量,加速乡村城市化进程,乃至促进社会经济的协调发展,是具有积极意义的。本节仅就居民点等级结构作一个简要阐述。

(一)居住规模

据一些省市调查测算,未来中心村平均规模为1000人左右,特大村庄约3000人。本专题的实态调查亦验证了这个说法,即最小规模约150~300户左右,人口约700~1000人;最大规模400~700户左右,人口约1500~2500人。关于村庄居住用地面积规模预测,亦与《村镇规划标准》的规定基本吻合。

按《村镇规划标准》规定,主干道间距一般为300~500m;次干道间距一般为100~250m;其围合居住(镇小区)面积分别为3~5ha及7~12ha;相应的人口规模则分别为500~1500人,2000~3000人。本专题调查的结果是,镇小区规模为400~700户及800~1500户左右,按人口计,大体上也能认同。上述中心村庄与镇小区的人口规模和占地面积,既经历了多年居住实践认可,也形成规模而利于设施配套和采取某些节地措施,据一些管理部门的经验,此种规模对行政和物业管理尚称方便。

(二)居住形态模式

鉴于村镇人口集聚规模远比城市为小,故其各级居住单元亦采取小规模系列制式,即一个镇区分为若干个住宅小区,各小区设居委会,其下设居民小组,每个小组是一个住宅组群。一个中心村一般相当于一个镇小区,由村委会直接管理,个别特大型的中心村庄有可能分为两个或两个以上住宅小区,下设村民小组,小组亦以住宅组群界定。

(三)居住体系构架

依据《村镇规划标准》,参考各省市的村镇规模等级的划分及村镇住区建设投资来源、投资方式等因素,确定村镇小康居住规模按三级设置为宜,即住宅小区、组群、院落。考虑到中心村庄作为一个独立的住宅小区,其人口规模差异悬殊,故将村镇住宅小区分为Ⅰ、Ⅱ、Ⅲ三个级别,以提高其适用性。构架见表2-1:

村镇住宅小区规模等级构架表　　　　表 2-1

序号	名称	对应行政单位	小区级别	人口规模（人）	户数（户）
1	村镇住宅小区	镇小区：居委会 中心村庄：村委会	Ⅰ级	3000～6000	800～1500
			Ⅱ级	1500～2500	400～700
			Ⅲ级	600～1000	150～300
2	组群	镇小区：居民小组		400～800	100～200
		中心村庄：村民小组		200～600	50～150
3	院落	—			

注：Ⅰ级小区相当于《村镇示范小区规划设计导则》里的住宅小区级。
　　Ⅱ级小区相当于《村镇示范小区规划设计导则》里的住宅组群级。
　　Ⅲ级小区相当于《村镇示范小区规划设计导则》里的住宅院落级。

镇区的住宅小区一般为Ⅰ级（或Ⅱ级）小区。中心村庄一般为Ⅱ级（或Ⅲ级）小区，村小区（中心村庄）公共建筑一般与中心村公共建筑合并进行建设，既为本村居民服务，同时也为邻近基层村的居民服务。这样人均居住用地相应大一些。其规划组织结构一般采用小区—组群—院落或小区—院落等类型，见图 2-1 所示。

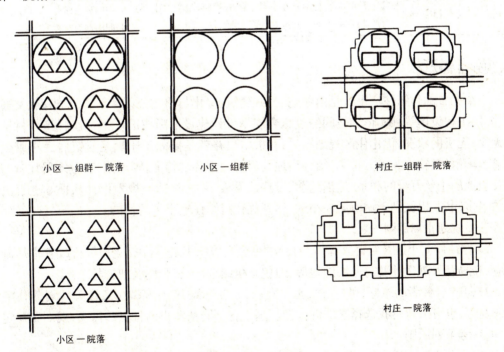

图 2-1　村镇小区规划组织结构类型示意图

三、合理协调生活功能与生产功能的关系

这里说的生产功能指的是允许纳入住宅内的户产业。村镇住区的生活功能与生产功能的融合与分离是对应于当地社会经济发展水平而逐步演变的。当刚从温饱过渡到小康,即相当于小康的一般居住标准时,允许生活与生产有一定程度的结合,如允许无污染的家庭手工业、商业、农产品加工、庭院经济甚至庭院微型养殖(要隔离、圈养、卫生)等在住宅小区内存在;而对于小康的推荐居住标准,随着生活水平的进一步提高,生活与生产则基本分离,不允许饲养家禽(畜)等影响环境卫生的庭院经济,住区就是以居住为主,确保环境的文明卫生;而在小康的理想居住标准阶段,则允许部分知识密集型为主的工作场所进入村镇小区之内,形成近似城市型的综合住宅小区。小康居住标准的不同层次与小区内可否包容生产功能的规定见表2-2。

小康居住标准的不同层次与小区内可否包容生产功能的规定   表2-2

标准层次	可否包容生产	备注
理想小康居住标准	与部分知识密集型生产高层次结合	标准的划分请参照《村镇小康住宅居住标准》。本表中的一般标准相当于《标准》中所述的一般标准;本表中的理想标准相当于《标准》中的理想标准;介乎二者之间的即为推荐标准
推荐小康居住标准	生产、生活原则上分离,但可容纳对环境无害的生产	
一般小康居住标准	生产、生活可结合,但对产生异味、振动、噪声、粉尘的小型生产,要严加控制,确保环境基本不受污染	

四、规划布局优化

一个完整的村镇住宅小区是由住宅、公共建筑、绿化与户外公共活动场所、道路、交通设施、公用工程设施等项实体和空间经过综合规划设计建设而形成的。为了摆脱当今村镇住区无序、无机的状况,优化住区规划布局,其根本出路就是要立足于满足村镇居民小康生活需求,体现村镇特点和地方特色,结合当地气候与地理环境特征,因地制宜,融入居住者与农业及土地的千丝万缕的联系,适当超前,可持续发展,并通过精心规划设计从根本上解决现存的诸多问题,以区别于城市居住小区,达到优化村镇住宅小区的目的。

(一)规划布局原则

1. 村镇住宅小区及组群宜与居委会(村委会)、居民小组(村民小组)等行政管理体制相对应;布局及景观设计要与地块的地形、地貌有机结合,突出个性及地方特色。

2. 征求居住者的意愿,可按户类型(职业),适当考虑民族、宗教、亲缘关系划分住宅组群或院落,也可采取自我选择式的混合型。基于各不同从业户的特点和需要,规划布局定位时,可参考下列原则:

(1)农业户应靠近农田,在小区靠近种植区的边缘布置为宜。

(2)职工户应靠近工作地点(工厂、生产企业等)布置。

(3)个体工商户应靠近干路、小区中心、厂区或小区主要入口处布置,而综合户的定位较为随意,可在边缘,亦可在内部。

3. 道路宽度、建筑物间距应能满足防灾(地震、洪灾、火灾、风灾等)和救灾运输及疏散等要求，要方便物业管理及治安防范管理。

4. 有利于辅助一、二、三产业经营，方便居民出行、购物和休闲交往活动，有利于密切邻里关系。

5. 综合考虑小区周围环境，合理确定小区规划结构，相应确定小区道路交通系统、基础设施和公共服务设施的定位和布置方式，确定绿化及公共活动场地的集中与分散布置等。

(二)村镇小康住宅示范小区合理用地构成

村镇小康住宅示范小区的用地构成应符合表2-3所规定的范围。

村镇小区用地构成表(%)　　　　表2-3

用地构成	镇小区 Ⅰ级	镇小区 Ⅱ级	村庄 Ⅱ级	村庄 Ⅲ级	组群
1.住宅用地	55~65	55~68	60~70	65~75	75~85
2.道路用地	10~15	10~15	8~13	6~12	2~7
3.公共建筑用地	12~15	8~12	13~16	10~13	0~3
4.公用工程及环卫设施用地	4~7	4~6	4~6	3~5	1~2
5.公共绿地	8~13	7~12	8~12	7~10	0~4
小区总用地	100	100	100	100	100

注：1. 表中第3、4两项用地即为《村镇示范小区规划设计导则》中的"公共建筑用地"；
　　2. 表中数据系根据实态调查及多个小区规划设计实践综合分析确定。

(三)村镇小康住宅示范小区的布局手法

村镇住宅小区一般是由若干住宅组群，配以相应的公共服务设施和公共活动场所构成的。要想构建好的小区，则既要有好的住宅组群，又要有一个各类设施项目齐全、有机有序有效的组合。

1. 住宅院落及组群的组合原则

(1)在保证日照、采光、通风的前提下，户外空间可采取多种形式的向心式围合，其尺度大小应视活动人数的多少确定；其空间形状则可根据居民户外活动行为规律安排。

(2)住栋布置既要有适度的规律性，又要有因地制宜的随机灵活的变化，做到疏密有致，层次分明。

(3)户外公共活动场所定位要适中，设施分级配置要得当，力争周边住户享用机会均等。

(4)道路网络要密切结合地形，因地因周边条件制宜布置，做到安全、便捷，运行通畅，必要时，可将车行和人行道路系统分开设置。

(5)建筑物、构筑物、小品、绿地、水体及道路等环境要素的布置要有利于动态整体景观的组织，并尽可能地显现出自身的可识别的个性。

(6)要赋予建筑群和空间形态以鲜明的向心力和凝聚力,亲和性及领域感,以利于强化社区观念。

2. 住宅组群布置的多样化

(1)组群的不同规模及不同属性。具有一定的人口规模,以低层住宅为主的村镇住宅小区而言,根据实态调查中所了解到的居民意愿,有如下认同:

5～10户邻里半私密领域;

10～30户邻里半公共领域;

40～100户邻里公共领域。

(2)住宅楼的朝向及间距的可变性。住宅的朝向一般以南北向为最理想,但由于受地形、地物等条件的限制,可放宽到南偏东或偏西30°以下,对北纬35°以上地区,偏角宜限制在15°以内。住宅建筑之间距,其最小值以保证规定的日照要求(冬至日底层住宅日照不低于1小时)为原则,考虑到救灾、公共交往及绿化等需要,间距尚可视具体条件适当放宽。

(3)出入口的合理定位。无论院落还是组群,其出入口的位置应当适中,争取至所居各个住户的距离差不要太大。此外,出入口尚要起到内外道路交通的起承转合的作用。

(4)多种户型及楼型。一是住宅类型多样化,多型并举。包括:垂直分户的农业户和专(商)业户住宅,水平分户的多层单元式职工住宅,特定需要的独立式住宅;二是住宅体形多样化(长短、高低、退台、错层、吊脚楼、过街洞口以及细部和色彩变化等);第三是住宅不同的拼接方式(详见附录一、二、三、四)。

第二节　节约规划用地优化

一、村镇住区建设用地现状

节约建设用地,保护耕地是我国的一项基本国策,政府非常重视。现状是,村镇人均建设用地面积过大,土地利用率很低,毁田、浪费土地严重,这是耕地减少的重要原因。而村镇住区建设用地过大,因住宅独建、分散而占地过多又是首当其冲的因素,主要表现在以下几个方面:

(一)缺乏规划指导,自发性建设多

以往村镇住区建设大都是自发性的,绝大多数没有经过规划设计,布局分散凌乱,宅基地划拨控制不严,宅基地在2～3分/户以上较为普遍,造成建设用地严重浪费。

(二)平房、独立式住宅多

目前村镇住宅大多是平房和2层独院住宅,多层单元式住宅还未被普遍接受,村镇住区建设用地利用率极低。此次实态调查发现,人均住宅建设用地大于110m^2的竟高达36.5%;人均住宅建设用地70～110m^2的亦有13.5%,土地浪费十分惊人。

(三)"空心村"现象严重

改造旧村镇住区的规划建设难度大大超过新住区建设,因而不少地方(多数是村庄)放弃旧村的改造,热衷于在旧村外圈地建设新住区。虽然旧村人口已向外围新住区集聚,地处中心地带的旧村人口数量剧减,但旧住宅依然保存,双倍占地,"空心村"问题严重。

(四)迁村并点中建新村易,拆旧村难

村镇对迁村并点越来越重视,但缺乏对实施迁村并点的有力措施,至今尚未制定出切实可行的拆除旧住宅,尽快使老宅基地复垦还耕的法定性文件,往往是新村建立起来了,老村迟迟不能拆除,造成了大量土地的积压浪费。

(五)鼓励改造旧村镇住区的优惠政策和法规跟不上

尽管通过各种渠道都在宣传不得随意占用耕地和良田,但时至今日,鼓励在荒地、废地、山坡地进行村镇住宅小区建设的优惠政策却尚未问世,对占用良田进行村镇建设的控制措施也不明确,这是一个至关重要的缺失。另外,由于耕地的经济效益在社会总产值中所占份额较低,农民忽略了耕地的内在价值,这也是造成耕地减少的原因之一。

二、节约用地的确切内涵

对于节约用地,不能仅从字面上狭义地去理解,首要的是搞清楚节约用地的真正内涵。节约用地,不等于仅仅是建设用地的减少,更不能以牺牲环境质量、牺牲人的生活水准和舒适度为代价,片面地追求"节约"建设用地。而要用可持续发展的眼光,从提高环境容量、提高综合效益的角度,从土地总量动态平衡和用地性质的相互转化来综合地理解节约用地的确切内涵及其宝贵的价值所在。

三、节约规划用地的优化措施

(一)盘活土地存量,提高土地利用率

节约建设用地应在充分利用现状建设用地的基础上,努力盘活现有土地存量,使土地等级由低级(生地)向高级(熟地)转化,统筹安排,合理布局,最大限度地提高土地利用率。

(二)制定鼓励改造旧村镇的政策

一是迁村并点,移民建镇,利用坡地、山地建设镇小区和村庄,把分散的大面积的原宅基地退耕还田,这是盘活土地存量,节约建设用地,有效地提高土地利用率的重大举措;二是要抓紧进行旧村旧镇的改造。规划是建设的龙头,必须审慎研究旧村镇改造的规划理论及方法,要因地制宜地提高原有用地的容积率,并尽可能地延续传统建筑文脉,保持地方特色风貌,提高居住质量,改善居住环境。同时还务必使旧村镇改造规划具有很强的操作性,要研究制定一套完整可行的旧村镇改造的政策、措施和管理体系,做到奖惩分明,从政策和措施上引导和调动人们改造旧村镇的积极性,以达到节约建设用地之目的。

(三)确定合理的"拆建比"

要重视迁村并点规划中的旧村拆迁措施的研究。很重要的一个问题,就是要确定拆旧村与建新村的"拆建比[1]"的控制指标。拆建比应视原有居住条件合理确定。就村镇跨世纪的小康住宅而言,新建住宅人均使用面积(不包括手工作坊、店铺、粮仓及各类贮藏室、库房等)的高限可按 $20\sim25m^2$ 计算。唯有使拆旧建新真正能够提高人们的居住质量,那才能使旧村拆迁得以实施,将迁村并点节约土地落到实处,最终达到将旧宅基地复垦还耕的目的。

---

[1] "拆建比"系指被拆除的旧住宅建筑面积与新建的住宅建筑面积之比值。

四、节约建设用地、提高土地利用率的有效方法

(一)建立控制村镇住宅小区人均居住用地指标体系

实态调查和示范小区规划设计实践给我们这样一个启示,即凡规划布局较好,设施也较齐全,绿化环境宜人的村镇住区,折算人均居住用地面积多在 50~75m² 左右,按照《村镇规划标准》居住用地比例测算,亦与上述数据接近。根据镇比村用地指标较低,多层比低层用地为低的原则,推荐人均居住用地控制指标见表2-4。

村镇住宅小区人均居住用地指标　　　　　表2-4

人均用地(m²/人) \ 所在地 \ 住宅层数	镇 小 区	中 心 村 庄
低 层	40~55	50~70
低层多层	30~40	35~50
多 层	20~30	30~40

(二)用地构成合理化

要根据对所建住区自身特点(区位条件、公建配置、住户类型、住宅层数、交通设施)及建设场地的实态调查进行深入分析研究,参照《村镇小康住宅示范小区规划设计导则》中"用地平衡控制指标"确定小区各类用地合理比例,参见表2-3。

(三)提倡多层单元式住宅,控制低层住宅建设

在村镇居住小区建多层公寓式住宅和低层联排式住宅是合适的、可行的,这已为广泛实态调查的统计资料和访谈中众多住户的意愿所肯定。一般说来,镇小区可以 4~5 层为主,中心村可以 2~3 层为主,一定要严格控制平房和独立式住宅,不得随意兴建。

(四)严格控制宅基地的划拨与管理

新建村镇住宅小区要有人均用地控制指标,不提倡划分宅基地的作法,要严格控制宅基地的规模(一般不得大于 2.5 分/户)。宅基地的大小可参照人均耕地多少适当调整,但决不允许由于人均耕地多而提高户均(或人均)居住建设用地。综合考虑各方面的因素,提出建议值如表2-5所示。

人均耕地与宅基地的对应关系　　　　　表2-5

人均耕地(亩/人)	宅基地(分/户)
≤0.5	≤1.5
0.5~1	1.5~2
≥1	2~2.5

(五)对现有宅基地的利用与改进

现有宅基地过大,主要是各家的宅院地,因此对这样的宅基地的利用和改进,应在缩小建筑基底占地面积上下功夫,建筑向空中、地下、半地下发展。一般住宅建筑基底面积占宅

基地面积比例宜控制在 2/5~1/2 之间,充分利用余下的宅院搞庭院绿地或庭院经济(水果、药材),提高绿地率。拆除实围墙及不必要的辅助用房,宜采用绿篱或通透式围墙来扩大视野,从而达到空间共享,变私有宅院为半私有、半公共空间,增加交流空间的目的,使现有封闭宅院变成田园气息浓厚的、半开敞的共享空间,赋予宅基地以新的使命。

(六)合理提高土地的容积率和建筑密度

1. 新区建设及旧区改建时,在保证小区环境质量和挖潜利旧的前提下,应合理提高其容积率,见表 2-6。

村镇住宅小区容积率控制指标　　　　　　　　　　　表 2-6

住宅层数	镇 小 区	中 心 村 庄
中高层	1.0~1.5	—
多 层	0.90~1.05	0.85~1.0
多层低层	0.70~0.90	0.65~0.85
低 层	0.50~0.70	0.45~0.65

注:1. 表中之低层为 2 层、2.5 层、3 层;多层为 4 层、4.5 层、5 层、5.5 层;中高层为 7~9 层左右。
　　2. 表中"中高层"系发达地区富裕镇的镇小区所用,但为数较少。

2. 在保证日照和防灾、疏散等要求前提下,适当压缩建筑间距,以提高建筑密度,并可利用屋顶平台来补充室外活动场地不足;根据实态调查中各方面的认同和从事村镇住区规划设计工作的体验,推荐村镇小区建筑密度如表 2-7 所示。

村镇小区建筑密度控制指标(%)　　　　　　　　　　表 2-7

住宅层数	镇 小 区	中 心 村 庄
中高层	15~25	—
多 层	18~25	17~22
多层低层	20~29	18~26
低 层	20~35	20~32

注:表中建筑密度控制指标采用了一个幅度,可根据不同纬度选用。

(七)合理布置道路系统,减少道路占地

精心布置路网,在确保车行、人行安全并满足消防要求的前提下,应尽量缩短道路长度,并根据通行量适当缩小道路红线宽度。

(八)复合空间的利用

1. 将自行车、机动车停车场(库)与建筑、绿地和休闲交往空间相结合,亦可布置在地下和半地下;

2. 住宅底层布置公共建筑或储存空间(图 2-2);

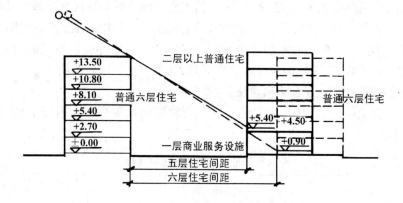

图 2-2 底层商业住宅建在北侧缩小日照间距

3．利用屋顶平台扩大绿化面积和室外活动场所；
4．将坡屋顶的屋顶空间用作设备间或其他功能空间；
5．住宅与低层公共建筑结合，将其置于住宅建筑之底层；
6．借用道路、场地、河流等空间作为阴影区；
7．建设"综合体"，将性质近似的公共服务设施按照各自要求水平或垂直地组合在一起；
8．不同层数住宅的混合布置。

(九)建筑单体方面的节地措施

1．在保障使用要求和不影响建筑物的灵活性和可改造性的前提下，缩小建筑面宽，加大进深；
2．改进墙体材料，限制使用粘土砖；减少墙体厚度；
3．合理确定建筑物体形系数，尽量减少建筑物外围面积；
4．充分利用建筑物室内空间，采用"复式"方法，来达到提高空间的利用率亦即提高土地利用率的目的；
5．降低层高、增加层数，略偏向东西向布置(可缩减日照间距)(参见附录十)，以及采用"北退台"住宅等方法均能节约用地(图 2-3)。

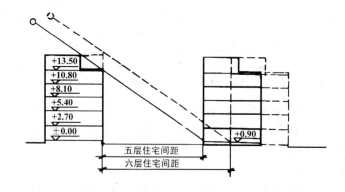

图 2-3 北退台式住宅缩小日照间距
注：实线为北退台式住宅，虚线为普通六层住宅。

第三节 道路系统及交通设施配置优化

一、现状及问题

(一)道路功能等级不明,未形成一个完善的系统

实态调查大量资料表明,大多数小区的道路均未形成一个自身通畅,内外衔接的合理运行系统,主要道路与支路分工不明、层次不清,造成流线交叉,人车混杂。道路宽度与其通行量不相称,该宽的不宽(有的主要道路仅有5~7m);该窄的不窄(通行量不大的道路有的宽度达20m以上),从而导致了既不能满足使用要求,又造成资金和土地的浪费。

(二)道路系统结合地形地物较差

如前所述,多数村镇小区道路不仅自身不成系统,亦未能依山就势,因地制宜地与建设场地的地形地物有机结合起来进行路网布置,如道路走向没有顺应地形,道路纵坡过大,与河渠交叉角度不当,等等。以致造成整个交通运行不畅、不便等多方面的问题。

(三)交通设施配置尚无规定

可以说,村镇住区交通设施的具体设置至今尚没有明确规定,因而建设中问题不少,诸如缺少停车场地、车辆杂乱停放,给居民出行和停车、存车带来极大的不便;在村镇小区的主要出入口,缺少必要的交通指示牌,或相应的监控手段和设施,致使许多住区外车流或人流误入小区,给小区带来了不安全的因素。

二、村镇住宅小区道路交通的特点

(一)物流、车型多样

由于第一产业的存在,不可避免地使一些小型农机具和农副产品进入村镇住宅小区。再加上住区内容纳的手工业和商业服务业的货运,就使得村镇住宅小区的物流和车流构成要比城市居住区物流和车流构成大为复杂。

(二)村镇住宅小区人流量小

村镇住宅小区规模小,居住密度也较小,因此人口相对少,人流量也相对小。居民生活方式、生活水平虽有差异,但由于有相当一部分人在家操持家务或就近在村办企业工作,故其出行频率均较城市居民略低。

(三)中心村庄独立性较强

中心村庄与其他城镇相距较远,因而其内在联系较多,对外联系方面不及城市居住小区那样频繁和密切;此外,中心村庄尚有一个服务于整个村域人口的职能,不得不自成体系,故其独立性较强。

(四)村庄出入口直接与过境交通衔接

由于人流和车流量较小,中心村庄的主要出入口一般直接与过境交通线路相连接(其间应有一段缓冲距离)。而城市居住小区的主要出入口一般不与城市主干道或过境交通线路直接相连。

三、优化原则

(一)因地制宜地确定道路等级及红线宽度

一般说来,鉴于村镇住宅小区规模小、住宅层数少、建筑物高度低等特点,因此小区内道路等级宜简化,道路红线宽度亦可相应减少。若个别道路尚有附加的为生产服务功能,则道路宽度可根据需要适当放宽。

(二)妥善确定道路系统

村镇小区道路网络类型,应依据地形地貌特点、规划组织结构、周围的交通联系(对外公路、田间道路等)、出入口的数量和位置,因条件制宜确定。最主要应考虑村镇居民的出行规律(出行时间、出行方式、出行频率),并以方便居民的出行为原则来确定道路网络及道路类型,力求路网简洁顺畅。对山地、丘陵和河网地区的住宅小区,在保证使用要求前提下,应尽可能使路网依山就势,顺应等高线走向,减少交叉,减少越水跨度,节约土方,降低造价。

根据村镇小区对其道路交通功能的特殊要求,建立和完善村镇小区的道路系统及其交通设施的配置,应提出相应的设计规定,并满足残疾人的无障碍通行及其他要求(见附录六)。

(三)考虑农用车辆对道路的特定要求

根据实态调查的现场观察,村镇小区内间或有小型农用车辆通行,而小型农用车的特点是体量小、灵活、车轮不全是轮胎,故其车行道的宽度、坡度、转弯半径及路面做法应与此相适应。

(四)合理利用与改造原有道路

旧区道路网的改造,其规划应综合考虑原有地上地下建筑、公用工程设施和原有道路特点(指走向、线型、功能等),进行适当的调整和必要的改造;要尽量保留那些有历史文化价值的街道、建筑物及景点,予以开发利用,不要因为修建道路贪图方便而肆意拆除。

四、道路等级划分及其功能

(一)道路等级划分

根据实态调查、分析研究及实践验证的结果,村镇住宅小区内部道路宜分为三级,即干路、支路和宅前路(村镇小区道路采取三级制者占调查总数的73%)。其中Ⅰ级小区和部分Ⅱ级小区道路可为三级设置,而Ⅲ级小区和部分Ⅱ级小区的道路为二级设置即可,即干路和宅前路。

(二)道路功能

1. 干路:为连接小区主要出入口的道路,其人流和交通运输较为集中,是沟通全小区性的主要道路。道路断面以一块板为宜,辟有人行道。在内外联系上要做到通而不畅,力戒外部车辆的穿行,但应保障对外联系安全便捷。

2. 支路:小区各组群之间相互沟通的道路。重点考虑消防车、救护车、住户小汽车、搬家车以及行人的通行。道路断面一块板为宜,可不专设人行道。在道路对内联系上,要做到安全快捷地将行人和车辆分散到各组群内并能安全快捷地集中到干路上。

3. 宅前路:为进入住栋或独院式各住户的道路,以人行为主,还应考虑少量住户小汽车、摩托车的进入。在道路对内联系中要做到能简捷地将行人输送到支路上和住宅中。

(三)道路宽度控制指标

调查统计资料表明,村镇住区一级道路(即干路)路宽为8~20m者,占51%;二级道路(支路)路宽为5~8m者,占54%;三级道路(宅前路)路宽为3~5m者,占44%,我们根据实地考察其使用情况后进行了调整,并设定各级道路宽度见表2-8。

村镇住宅小区道路宽度控制一览表 表2-8

道路类别	道路红线宽度(m)	路面宽度(m)	每侧人行道宽度(m)
干路	14~18	6~8	2~3
支路	10~14	4.0~6.0	1~1.5
宅前路	—	2.0~4.0	—

(四)小型广场的设置及道路铺装要求

村镇小康住宅示范小区对道路广场及道路铺装的要求一般应高于现有村镇住区,但其设置和铺装标准应与所在地区的经济发展水平相适应,不宜过分强调高标准。

1. 小型广场的设置

小型广场应与村镇小区内的商业文化福利设施、娱乐活动场地、物业管理和小区户外集聚空间结合设置,为少年儿童、老年人的休憩、邻里交往、社区公益活动提供场所,丰富居民的物质文化生活。

2. 道路路面铺装最低要求,见表2-9。

村镇小区道路路面铺装最低要求 表2-9

道路类别	小康一般标准	小康推荐标准	小康理想标准
干路	较高级路面	高级路面	高级路面
支路	一般硬化路面	较高级路面	高级路面
宅前路	禁用土路	禁用沙石路	较高级路面

注:硬化路面种类很多,包括混凝土路面、柏油沥青路面和各种砖、石材料铺装的路面等等。其高、中、低标准的区别应根据其材质、性能及造价等综合指标来划分。

(五)村镇小区道路网类型

道路网的布置,应避免往返迂回及过路车辆穿行,既要方便外来人员寻访,又要利于安全防范。最主要的是利于居民的出行,符合居民的出行规律。

平原地区道路布置灵活性较大,路网类型较为丰富,应结合住栋类型及组群结构随机布置,如环型[内环(附录图4、11、13、17、20)、半环(附录图3、8)等]、风车型(附录图5)、折线型(附录图19、21)、尽端式、方格网式等,可结合实际情况灵活运用(图2-4)。山地、丘陵地区的路网布置则应顺应地形,沿等高线走向设定;水网地区则要注意道路和水体的关系,两者走向一般是一致或垂直。

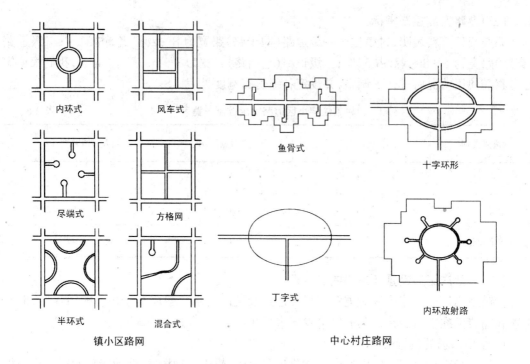

图 2-4　村镇小区道路网类型示意举例

(六)道路布置方式

1. 车行道、人行道并行布置

(1)微高差布置:人行道与车行道的高差在 30cm 以下,如图 2-5 所示。

优点:行人上下车较为方便;道路的纵坡比较平缓。

缺点:大雨时,地面迅速排除雨水有一定难度。

适用范围:地势平坦的平原地区及水网地区。

图 2-5　微高差布置示意

(2)大高差布置:人行道与车行道的高差在 30cm 以上,隔适当距离或在合宜的部位应设梯步将高低两路联系起来,如图 2-6 所示。

优点:能够充分利用自然地形,减少土石方量,节省建设费用,形式生动活泼,并利于地面排水。

缺点:行人上下车不方便;道路曲度系数大,不易形成完整的小区道路网络。

适用范围:山地、丘陵地的村镇小区。

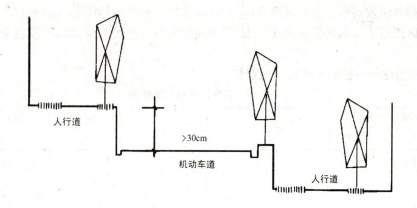

图 2-6 大高差布置示意

（3）无专用人行道的人车混行路,已为各地村镇小区普遍使用。

优点:是一种常见的交通组织形式,比较经济与简便。

缺点:不利于管线的敷设和检修,车流人流多时不太安全。

适用范围:人口规模小的村镇小区干路或人口规模较大的村镇小区支路。

2．车行道、人行道独立布置

（1）独立布置原则:应尽量减少车行道和人行道的交叉,减少相互间的干扰。在村镇小区,应以并行布置和步行系统为主来组织道路交通系统。在(私人)车辆较多的住区,应按人车分流的原则进行布置;当地势起伏不平高差较大时,亦应采取人车分流的布置原则。

（2）步行系统:由各组群住栋之间及其与公共建筑、公共绿地、活动场地之间的步行道构成,路线应简洁、无车辆行驶。

优点:较为安全随意,便于人们购物、交往、娱乐、休闲等活动。

适用范围:小康(中)高级标准,人口规模较多的镇小区。

（3）车行系统:道路断面无人行道,不允许行人进入。车行道是专为机动车和非机动车通行的,且自成独立的路网系统。当有步行道跨越时,应采取信号装置或其他管制手段,以确保行人安全。

优点:保证交通畅通,减少人流干扰。

缺点:步行受到了一定的限制,建设投资多。

适用范围:小康(中)高级标准,人口规模较大的镇小区。

五、交通设施配置优化

（一）小区交通设施的构成

1．道路标志、路灯、指示灯、指示牌。

2．停车场库。

（二）优化原则

1．小区内应安排必要的小汽车、自行车、摩托车、小型农用车的停车场库,并合理确定停车场库位置。要做到使用方便安全,减少对居民的干扰。农用车辆一般不得进入居住小区。必要时宜单独集中停放。

2．根据经济发展水平及车辆拥有量,合理确定停车泊位指标体系。

3．小区道路应命名并设置交通标志,同时还应为住宅建筑编排楼门号以便于寻访和识别。

(三)村镇住宅小区停车泊位控制指标(表2-10)

村镇住宅小区停车泊位控制指标　　　　　表2-10

小康标准＼车辆类型	自行车（车位/户）	摩托车（车位/户）	小汽车（车位/百户）	小型农用车（车位/百户）
一般标准	1.5～2	0.5	20～40	10～20
推荐标准	1～1.5	0.5～1	40～50	5～10
理想标准	1	1～1.5	50～100	0～5

注:1．如因条件所限,小型农用车辆不得不进入居住小区时,应独立集中停放。

2．若小型农用车辆数目极少,可考虑与汽车库合并设置;自行车可与摩托车库合并设置。

3．考虑到远期的发展,停车泊位指标应留有扩展余地。

(四)停车场(库)布置方式

1．集中布置。应以方便、安全、减少干扰、便于管理为原则。对小区生活干扰较大的车辆,如运输车、农用车、大中型汽车等,宜集中停放在公共停车场内,并布置在小区的主要出入口处(附录图7)。而与小区生活联系密切且干扰较小的车辆(如小汽车、摩托车、自行车)可在一个或几个组群的适中位置或其出入口处相对集中布置(图2-7)。

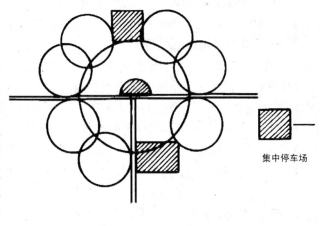

图2-7　集中布置示意

优点:可减少车辆对小区干扰和影响,小区的环境较为安全、安静、整齐,同时也便于车辆的管理。

缺点:不能很好地满足居民的行为习惯、活动规律和心理状态,会使人感到使用上不方便。

适用范围:适用于集体经济较强、管理较好的村镇小区。自行车库的服务半径控制在100m以内。汽车停车场的服务半径控制在150～200m之内为宜。

2．分散布置。私家车库、住宅楼底层(层高一般2.2m)地下或半地下车库,以及位于住栋庭院和住栋间的潜空间地段上的小型分散式停车库及露天停车位(图2-8)。

优点:可独家享受或离住家较近,使用方便。

缺点:对小区邻近停车位的住户有一定的干扰,对小区的安全、安静及环境面貌上将会带来一定影响,同时在车辆管理上也不及集中停放那么方便。

适用范围:适合于人车分流、私家车库较多的小康中高级标准村镇小区。山地与丘陵地

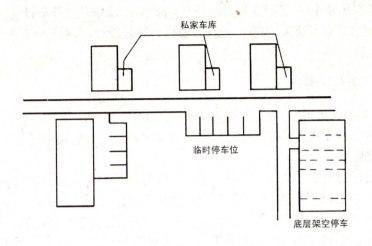

图 2-8 分散布置示意

区的村镇小区亦较为适宜。

3．集中分散混合布置。视具体条件可采取大部分或部分机动车集中停放，并视小区面积大小及有关条件，分 1~3 处场（库）位布置；其余部分可分散就近布置，但要尽量减少对住户的干扰（附录图 8）。

优点：可选择性强，能满足多数居民需要，使用方便。

缺点：对小区有一定的干扰和影响，车辆管理上有一定难度。

适用范围：适用性较强，对规模较大的小区较为适宜。

4．停车场（库）平面布置（见附录七）。

第四节　公用工程及环卫设施配置优化

一、现状及问题

村镇小区基础设施一般都比较薄弱，有的差不多什么都没有，根据实态调查的统计，有如下几个方面的问题：

1．自来水普及率虽有很大提高，但水质得不到保证，供水小区中，仍有 15% 的小区只是一天（或几天）定时供水，且水压不足。

2．排水设施简陋（雨污合流占排水总量的 56.6%），或根本没有排水设施，而任其无序排放。污水处理达不到起码要求或根本不处理。

3．电力不足，电力设施安装简陋，不规范、不安全等。电话普及率虽较高（占调查总户数的 71.27%），但电力电讯线路一般是架空随意设置，供电电缆埋地敷设的仅占 16.48%。

4．燃料种类多，热值低，占用空间大，污染环境（如煤和柴杆）。仅部分使用液化气罐，很少使用煤气管道，天然能源和再生能源（天然气、地热、太阳能、沼气、生物质气化等）未能或根本没有加以开发利用。

5．采暖形式主要是燃煤小锅炉分散采暖及少数火炕采暖，效率低，且污染环境。

6．垃圾收集设施缺乏，以集中收集方式为主，占 88.37%；采用袋装收集的，接近 10%，但设施不完善。还有部分小区,无固定垃圾站点及管理制度,乱倒现象严重,环境严重污染。

7. 各种管线大多是自发建设,没有一个统筹安排的综合设计,从而导致互为穿插,杂乱无章,不安全、不经济。

二、常规公用设施配置优化原则

1. 水、电、气、热源位置适宜,负荷均衡,要便于安全使用和管理。
2. 雨水可采用明沟方式进行排放,结合河道,形成水环境;路面、铺地等宜采用雨水可渗透的材料进行铺装。
3. 各种管线要做到安全便捷、减少成本和能耗,设备设施的能量和容量应满足可持续发展要求。所有管道线缆应尽可能埋地敷设,且应按规范做好管线综合设计。
4. 根据设施类别、规模,有的要隔离住宅和公建。此类设施大多对环境造成负面影响,应置于相对独立地段,有的需与绿化结合布置,将其围裹隐蔽,必要时尚需设置卫生防护绿带。
5. 要适当美化。对公厕、垃圾站、沼气池一类建筑物和构筑物,除了要创造条件确保其清洁卫生外,尚应从造型、材料和色彩处理上,尽可能予以美化,以便从心理上缓解其负面影响。
6. 要就地取材。对道路、管沟、沼气发酵池等基础设施,应就地采用性能及强度均相当的代用材料或工业废料。

三、适合村镇特点的能源、公用工程及环卫设施的配置优化

在常规能源匮乏地区,应根据当地地理气候、资源及物产等条件,本着因地制宜就地取材的原则,采用诸如太阳能、沼气、反火型煤制气、生物质气化以及风能、地热等天然能源及再生能源。突破无"大市政"依托的局限,创造条件实施有组织的给水排水;用新举措来建设环卫设施,实行垃圾、粪便的无害化处理。下面推荐几种适合村镇特点的实用技术,供示范小区选用。

(一)太阳能热水器的应用

1. 太阳能热水器的推广应用价值是节约大量常规能源;减少环境污染;可提供 40~80℃ 的热水,满足居民小康文明卫生生活的需要;省事、安全。
2. 主要设备名称、造价及主要性能,见表 2-11。

表 2-11

序号	类型	性能	采光面积(m^2)	容水量(kg)	售价(元/台)
1	闷晒型	日效率大于 50% 热损小于 $10W/m^2℃$	0.8~1.2	80~100	400~800
2	平板型	日效率大于 45% 热损小于 $5W/m^2℃$	1~2	80~160	800~1400
3	真空管型	日效率大于 42% 热损小于 $3W/m^2℃$	1.2~1.5	80~120	1400~2200

注:1. 主要设备和配件为集热器和水箱,上下水管、回水管和溢流排气三通管等。
　　2. 表中价格均为 1997 年的市场价。

3. 用于住宅的安装方案

对院落式低层住宅及单元式多层住宅楼有两种安装方式：

(1) 按栋集中式供热水。大面积的集热器和水箱，集中安装在房顶上，热水分别通到各户，每户装热水表，冷热水管暗敷墙内，由专人统一维修和管理，便于房管或物业管理部门经营管理，适用于新建住宅。

(2) 按户分散式供热水。一家一户安装热水器，自成系统，对于北方住宅可采用在卫生间通风道内安装 10mm 的塑料管，维修由厂方或用户负责管理。适用于已建成投入使用的住宅。

(二) 沼气的利用

1. 沼气的适用地区、范围、优缺点

(1) 沼气是有机物质在一定的温度、酸碱度和隔绝空气条件下，经微生物分解产生的一种可燃气体。其发热量一般为 $20.9 \sim 25.1 MJ/m^3$，是一种很好的洁净燃气。畜牧养殖业的牲畜粪便(如养鸡、养猪、养牛场的粪便)、农产品废弃物(如作物秸杆)及生活有机垃圾，均可用作沼气的发酵原料。

(2) 沼气的利用范围。对居(村)民居住较为集中的小区，经济条件较好，希望使用高品位的气体燃料，可采用集中供气发酵供给沼气。

(3) 发展沼气的优缺点。发展沼气不仅具有能源效益，而且具有环境效益，并促使生产良性循环，即在获得沼气的同时，不但改善了环境，而对发酵后的沼水(进行农田喷灌)和沼渣(喂猪、养鱼、制复合肥)进行综合利用。发展沼气因受原料来源、数量、品种不同的影响，再加上沼气的不同使用及资金的筹集的限制，从而使沼气工程的规模较小。沼气发酵原料(如禽畜粪便)的产气率受温度的影响，特别是在北方冬季，需要对原料进行加温，才能保证稳定产气。

掌握沼气的这些优缺点，其目的在于综合考虑多方面的情况，因时因地因条件制宜来做出是否采用沼气的抉择。

2. 主要设施和功能

(1) 原料前处理。以鸡、牛粪为例，需要沉砂、除草、格栅、调浆、酸化、调节等装置以及相应的设备，如除草机、搅拌和粪草切割机、进料泵、泥浆泵等。

(2) 沼气池(消化器)。主要的发酵装置，根据不同原料选择不同的工艺及装置，保证对原料进行充分处理，达到一定的产气率，并使污水达到一定的排放标准。

(3) 后处理。主要分为沼气、沼液及沼渣三部分。沼气：作为民用必须经过脱水、脱硫，然后计量、储存；沼液：经沼液池贮存，然后用污水泵进行农田压力喷灌或养鱼；沼渣：经离心脱水，制成泥饼干化，作为绿色营养土。

(4) 辅助设备：沼气的净化设备、储气柜、锅炉以及沼液渣的分离机等。

3. 场地规划及要求

(1) 沼气站位置应尽量靠近料源地，以便于原料的输送。沼气站平面布置应分为生产区及辅助区(锅炉房、实验室、值班室)。由于沼气制气、储存均为低压，根据工程规模大小，与民用房屋应有 $12 \sim 20m$ 的距离。由于可能的气味，宜布置在小区的下风向。

(2) 对日产沼气 $800 \sim 1000 m^3$ 的沼气站来说，占地面积可采取 $30m \times 50m = 1500m^2$ 即可。

(三)反火型煤气制备技术的应用

1. 主要设施名称、功用及其工艺流程

主要设备有:煤气发生炉(使煤自上而下经过干馏氧化还原反应,产生煤气);换热器(使煤气出口温度从 350~500℃ 降至 50℃ 左右);除尘器(初步去除煤气中的烟尘微粒);真空泵(抽吸和排送煤气);洗涤塔(最后净化煤气及气水分离);储气柜。

工艺流程如下:

煤场 → 反火型对流式煤气发生炉 → 换热器 → 除尘器 → 真空泵 → 煤气洗涤塔 → 储气柜 → 用户

2. 厂房及场地

土建工程主要包括制气站厂房、循环水池、煤棚、排水沟等。场地占地较少,以 200~500 户煤气用户为例,其制气站的厂房建筑面积只需 96m^2,储备 20 天的用煤量只需 12m^2 的储煤场。储气柜的最大直径 12m,周围留 10m 空余地作安全带,厂房、煤棚及气柜占地总面积约 1000m^2。

3. 优越性

(1)安全性好,由于炉口敞开运行,炉内处于常压或负压状态,不会发生泄漏、烧炸现象;

(2)热效率高,节约能源;

(3)大大降低环境污染。由直接烧煤变为烧煤气,向大气排放的有害气体大为减少,而反火型是自上而下地进行,向大气排出的有害气体就更为减少;

(4)工程投资相对较少;

(5)煤种的适应范围广,无烟煤、焦炭、弱粘结烟煤及其它杂质煤都可使用。

4. 适用地区、范围

适用于产煤地区,或采购煤炭较便利的地区。就服务对象而言适用于几百户至几千户不等的小区。

(四)生物质(秸杆)气化集中供气技术

1. 主要设施名称及其工艺流程

上料器;气化反应器;旋风分离器;冷却器;过滤器;罗茨风机;气柜。其工艺流程是:

上料器 → 气化反应器 → 旋风分离器 → 冷却器 → 过滤器 → 罗茨风机 → 气柜 → 用户

2. 厂房及场地

气化站占地 1800m^2(供气户数为 130 户时),或 2000m^2(供气户数 220 户时),气化站房建筑面积仅为 45~60m^2。

3. 原料:农作物秸杆。经过气化,每公斤秸杆可产生 2~2.3m^3 可燃气,一户 4 口之家每天约需燃气 5~6m^3。

4. 适用地区、范围

生产农作物秸杆的广大农村地区都适用。对于规模较小的自然村尤为合适。其优点是:(1)处理大量农作物秸杆,就地取材实现有利于生态平衡的良性循环;(2)实现了低质能源的高层次利用,提高了利用率;(3)减少污染,保护环境。

(五)廉价有效的 SBR 污水处理技术

1. 运转方式说明

SBR 法(间歇式活性污泥法)处理污水通常分为充水、曝气、沉淀、排水和闲置等五个过程,按时间顺序运行。SBR法应当采取2个以上反应池组合结构,以保证任何时候来水都可以及时进入反应池。

2. 主要设备名称及其功用

(1)鼓风机和曝气器:用于供气;(2)泵:用于进水;(3)管道和阀门;(4)滗水器:用于排水(在充水比较小时可省略);(5)自控系统:用于时间序列自动控制,可省略,但需增加一名值班人员;(6)污泥脱水机和压滤机:用于污泥处理(对于村镇污水处理工程,当用干化方法处理污泥时,该部分设备也可省略)。

3. SBR法的优缺点

(1)工艺简单,管理方便;操作方式可以根据水质水量的变化灵活调节;(2)建设费用和运行费用低,占地面积小,扩建方便。与普通活性污泥法或AB法相比,可节省土建费用20%,设备费用30%,运行费用30%左右,节省占地30%~35%;(3)处理效果好,出水水质稳定;(4)耐冲击负荷能力强,可适应于污水排水水质、水量变化较大的处理工程;(5)可防止污泥膨胀;(6)不需要加药剂即可脱氮除磷;(7)污泥沉降性能好,剩余污泥少。

4. SBR法适应范围

可适应于工业废水和生活污水。尤其是对于村镇级小型生活污水处理和乡镇企业间歇式污水排放的工业废水处理,其优点更为明显。适用于村镇及其住区的小型污水厂的新建、扩建和改建。

(六)升流式厌氧复合床(UASB)污水净化器

1. 功用及特点

升流式厌氧复合床(UASB)污水净化器日处理污水量$50m^3$,主要用于生活污水和高浓度有机废水的预处理。其特点是,设备构造简单,体积小,净化效率高(当水温大>15℃时,生活污水处理后出水COD<100mg/L,BOD_5<30mg/L,SS<30mg/L),运行费用低,占地面积小。

2. 净化原理及工艺流程

采用上流式厌氧污泥床(UASB)技术,使污水中的有机质在厌氧条件下,在厌氧微生物的作用下,降解去除。其工艺流程如下:

3. 设施场地及占地面积

设备不占室内空间,可将成套污水处理设备安装在地面上或埋设于地下,进水可采用潜水泵抽送或重力流进水方式。若以日处理污水量400t计,占地面积约$200m^2$。

4. 适用范围及注意事项

升流式厌氧复合床(UASB)污水净化器主要用于村镇住宅小区,乡村风景旅游区、渡假别墅区,亦可用于城市规模较小的独立小区。注意事项是,集水井前必须设置格栅以拦截各种杂物,以免堵塞配水系统。设备启动期要加强管理,调节好有机负荷率,以保证挂膜正常进行。

第五节 公共建筑的配置优化

这里所说的公共建筑,系指为村镇小区居民生活服务的文化教育、商业服务、医疗卫生、娱体活动等具有公共性的各类建筑物。

一、现状及问题

(一)公共建筑项目配置不当

由于大多数村镇建设主管部门对小区必须建设哪些公共建筑项目不明确,因而造成必不可少的某些公建项目的缺失,给居(村)民生活带来不便。而有的村镇小区则相反,不管自身人口规模和环境条件,公共建筑配置的规模过大、数量和种类过多,其结果是利用率低,经济效益差。

(二)公共建筑项目配置不符合村镇的特定要求

造成这一现象最根本的原因,就是没有充分认识到村镇小区公共建筑配置与城市小区公共建筑配置的不同点。那就是村镇小区(特别是中心村)公共建筑服务对象是一个面(区域),而城市小区公共建筑服务的对象则只是一个点(即小区自身)。因此,村镇(特别是中心村)公共建筑配置的原则,应力争做到小而全,自成体系。确切地说,中心村庄的公共建筑除服务于村庄自身外,尚需要服务于周围一定区域的基层村庄,由于其远离城镇,故其公共建筑项目配置相对要全,数量则相对也大;而镇小区的公共建筑则由于有镇中心区公共建筑作为依托,故其项目配置可从简,数量也相对少一些。以往一些村镇小区的公共建筑配置由于违背了这一规律,因而造成财力、物力及土地的损失和浪费。

(三)村镇小区公共建筑指标体系尚未确立

在市场经济体制下,用以满足村镇居民跨世纪小康生活需求的村镇小区公共建筑配置指标体系尚未确立,更缺乏量化指标的具体指导和控制。

二、优化原则

(一)重新确立村镇小区公共建筑的合理构成

依据市场经济的客观规律,应当调整村镇住区公共建筑的构成,可将其分为两类。一类是由政府重点抓的社会公益型(计划经济)公共建筑;另一类是社会民助型(市场经济)公共服务建筑。

(二)树立重点建设镇区中心的观念

随着交通体系的不断完善,缩短了镇与城、村与镇时空距离。而且村庄人口有向城市、镇区集聚的趋势,因此,要树立重点建设以公共建筑为主的镇区公共中心的观念,而对于镇属各居住小区,其公共建筑配置应予适当控制,包括公共建筑的规模数量和等级。

(三)按村镇小区的规模等级和环境条件配置公共建筑项目

镇小区公共建筑不包括镇级公共建筑,其配置项目规模等级应参照本小区人口规模确定,项目配置从简,主要依靠并集中于镇中心。村小区(当中心村为一个小区时)配置的公共建筑就是中心村庄级公共建筑,配置相对较全,除为本中心村庄服务外,还要为周围基层村服务。

(四)原有公共建筑应予改造利用

若建设区已有可利用的建成项目,则可视具体情况对该项目作适当调整,加以利用。特别是要注意保留和改造现存具有传统民俗特色的公共建筑项目,如茶馆、酒楼、戏台、书场等。

(五)建设多功能综合体

村镇公共建筑本身的特点是面积小,功能全。因此提倡开发综合体建筑,或将同一场所在同一时间派不同用场;或将同一场所在不同时间派不同用场。如一店多用、一厅多用、一站多用等。

(六)教育设施的设置

为了适应社会经济发展变化的趋势,若条件许可,小学校宜按完全小学规模设置。这样,有利于教学质量的提高和教育管理的完善。校舍宜设置在独立地段,以减少与其它建筑间声音和视线等方面的相互干扰。规模较小的非完全小学可与托幼联建,以方便管理。

三、公共建筑配置指标体系

(一)村镇小区公共建筑项目构成及面积指标

在市场经济条件下,村镇小区公共建筑,将由社会公益型公共建筑和社会民助型公共建筑两部分组成。从居民的使用频率来衡量,可将其分为日常式和周期式两种,见图2-9。

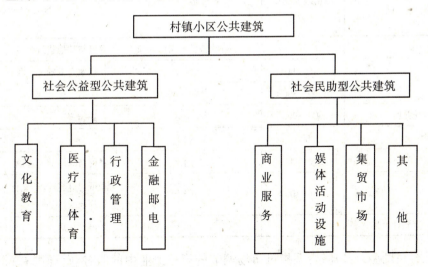

图2-9 村镇小区公建构架图

村镇小区公共建筑一般不分级设置,只有一级即小区级或村级公共建筑。

1. 社会公益型公共建筑:即主要由政府部门主抓的文化、教育、行政管理、医疗卫生、体育场馆等项公共建筑。这类公共建筑主要为小区(村庄)自身的人口服务,也同时服务于周围村庄的居民。

(1)村镇社会公益型公共建筑项目配置规定,见表2-12。

(2)村镇社会公益型公共建筑配置控制指标,见表2-13。

社会公益型公共建筑项目配置　　　　　　　　　　　　　　　　表 2-12

公共建筑项目	镇小区 Ⅰ	镇小区 Ⅱ	中心村庄 近郊型 Ⅱ	中心村庄 近郊型 Ⅲ	中心村庄 远郊型 Ⅱ	中心村庄 远郊型 Ⅲ
1. 居委会	●	●				
村委会			●	○	●	○
2. 小学	○		○	○	○	○
3. 幼儿园、托儿所	●	●	●	●	●	●
4. 灯光球场	●	○	●	○	●	○
5. 文化站(室)	●	●	●	●	●	●
6. 公用礼堂			○	○	○	○
7. 卫生所、计生站	●	●	●	●	●	●

注：●—应设置，○—可设置。

社会公益型公共建筑配置控制指标　　　　　　　　　　　　　　　表 2-13

项 目	用地规模 (m²)	服务人口 (人)	备 注
1. 居委会	50	行政管辖范围内人口	可与其他建筑联建
村委会	50～500	同上	指独立设置
2. 完全小学	6000～8000	2500～6000	6～12班
3. 幼儿园、托儿所	600～900	所在小区人口	2～4班
4. 灯光球场	600	同上	
5. 文化站(室)	200～400	同上	可与绿地结合建设
6. 公用礼堂	600～1000	同上	可与灯光球场、文化站(室)建在一起
7. 卫生所(室)、计生站	50	同上	可设在居委会、村委会内

2. 社会民助型公共建筑：系指可市场调节的第三产业中的服务业，即国有、集体、个体等多种经济成分，根据市场的需要而兴建的与本住区居民生活密切相关的服务业。如日用百货、集市贸易、食品店、粮店、综合修理店、小吃店、早点部、娱乐场所等服务性公建。民助型公建有以下特点：

(1)社会民助型公共建筑与社会公益型公共建筑的区别在于，前者主要根据市场需要决定其存在与否，其项目、数量、规模具有相对的不稳定性，定位也较自由，后者承担一定的社会责任，受市场经济影响较小，相对稳定些。

(2)社会民助型公共建筑中有些对其他环境有一定的干扰或影响，如农贸市场、娱乐场所等建筑，宜在住区内相对单独地段设置。根据实态调查中对有关资料的统计，现场观察以及走访住户和建设部门综合分析的结果，兹提出在住区规划中民助型公建用地总量控制指标,见表2-14。

社会民助型公共建筑用地总量控制指标　　　　　表2-14

村镇小区级别	Ⅰ	Ⅱ	Ⅲ
用地面积(m²)	700～1000	600～700	500～600

民助型公共建筑还可设立物业管理服务公司,负责民助型公共建筑及社区服务,包括房屋及设备维修、收发信函报刊、代购车、船、机票、自行车存放、汽车场库管理以及公厕经营管理等,既方便居民,还能获取收益。

(二)小区公共建筑配置规模相关因素分析

1. 公共建筑配置规模与所服务人口规模相关,服务的人口规模越大,公共建筑配置规模就越大。

2. 小区公共建筑配置规模与距城市及镇区距离相关,距城市、镇区的距离越远,小区公共建筑配置规模相应越大。

3. 公共建筑配置规模与产业结构及经济发展水平相关,第二、第三产业比重越大,经济发展水平越高,公共建筑配置规模就相应大些。

四、公共建筑项目的合理定位、布局

公共建筑项目的定位与布局应依公共建筑项目性质与服务对象而定,亦与小区规模有关,旨在方便居民使用。因此,其规划布局应以符合居民的行为规律和能获得好的经营效果为原则来进行。

(一)公共建筑项目合理定位

1. 新建小区使用的四种定位方式

(1)在小区地域几何中心成片集中布置(图2-10)(实例见附录图17)。

1)优缺点:服务半径小,便于居民使用,利于小区内景观组织,但购物与出行路线不一致,因位于住区内部不利于吸引过路顾客,一定程度上影响经营效果。

2)适用范围:主要适合于远离交通干线,对外联系较少的中心村庄,这种定位布局方式,更有利于为本小区居(村)民服务。

(2)沿小区主要道路带状布置(图2-11)(实例见附录图5)。

1)优缺点:兼为本区及相邻居民和过往顾客服务,经营效益好,有利于街道景观组织。但小区部分居民购物行程长,对交通也有干扰。

2)适用范围:主要适合于镇区主要街道两侧的小区,或沿公路建成的中心村。

(3)在小区道路四周分散布置(图2-12)。

1)优缺点:兼顾本小区和其他居民,使用方便,可选择性强。但布点较为分散,难以形成规模。

2)适用范围:主要适合于四周为镇区道路的镇小区。

(4)在小区主要出入口处布置(图2-13)(实例见附录图8、11、13)。

优缺点:便于本小区居民上下班使用,也兼为小区外就近居民使用,经营效益好,便于交通组织。但偏于一隅,对规模较大小区来说,居民至公共建筑中心远近不一。

2. 旧区改建的公共建筑定位

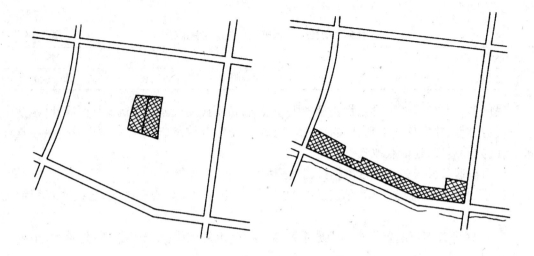

图 2-10　在小区地域几何中心成片集中布置示意　　图 2-11　沿小区主要道路带状布置示意

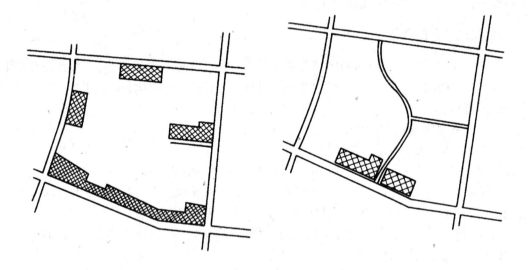

图 2-12　分散在小区四周布置示意　　图 2-13　在小区主要出入口处布置示意

村镇住区若改建,则可参照上述四种定位方式,对原有公共建筑项目布局作适当调整,并加上部分改建和扩建后定案,布局手法要有适当灵活性,以方便居民使用为原则。

(二)公共建筑项目的几种布局形式

在公共建筑项目合理定位的基础上,应视住区的具体环境条件对公共建筑群作有机有序有效的安排。

1. 带状式步行街(图2-14)

1)优缺点:经营效益好,有利于组织街景,购物时不受交通干扰。但较为集中,不便于就近零星购物。

2)适用范围:适合于商贸业发达、对周围地区有一定吸收力的镇小区,或有集贸传统的中心村庄。

2. 环广场周边庭院式布局(图 2-15)

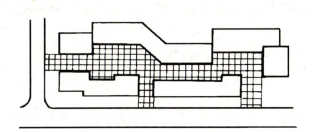

图 2-14 带状式步行街示意

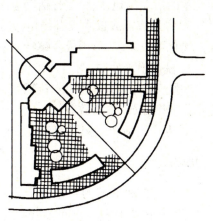

图 2-15 环广场周边庭院式布局示意

1)优缺点:有利于功能组织、居民使用及经营管理,易形成良好的步行购物和游憩环境,较多采用。但因其占地较多,若广场偏于规模较大的小区之一隅,则居民行走距离长短不一。

2)适用范围:适合于用地较宽裕、且广场位于小区中央的村镇小区或中心村庄。

3. 点群自由式布局(图 2-16)

一般说来,此种布局随机灵活,可选择性强,经营效果好,但分散,难以形成一定的规模、格局和气氛。除特定的地理环境条件外,一般情况下不多采用。

第六节 室外环境质量优化

室外环境质量是指构成村镇住区户外空间机理及形态的各种要素及其彼此之间的内在关系的优劣程度。本节着重讨论决定室外空间机理的四大要素即环境的美化、绿化、亮化和净化等方面内容。

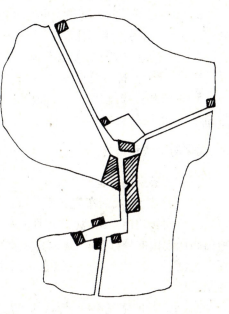

图 2-16 点群自由式布局示意

一、室外环境质量现状

此次实态调查又一次证明,村镇住区最薄弱的环节就是室外环境的脏、乱、差和配套设施的不完善,集体经济比较薄弱的村镇,这一现象更为明显。在一些经济比较发达的地区,情况虽有所改观,但仍然存在不少问题,主要反映在以下几个方面:

1. 缺少室外环境的总体设计。外部空间零乱,无"高潮"或"母题",街景呆板、单调,缺少乡村和地方特色。

2. 没有建立室外公共活动中心及场所。根据实态调查统计,有85%小区没有考虑老人和儿童的活动场地,缺少室外活动设施。

3. 绿地率低或根本没有绿化(尤其在新区)。实态调查结果是,有16%小区没有集中绿地。绿化不成系统,形不成乡镇特有的生态环境,管理也差。

4. 基础设施残缺、落后,缺乏必要的规章制度,从而导致室外环境脏乱。如管线在住区上空杂乱交织;明沟排放污水;自然水体污染严重;公厕多是旱厕;街道缺少路灯;垃圾乱放;车辆无规则停放;畜禽散养等。

5. 生产生活功能交混,有污染的工业设在住区内或与其毗连,影响住区环境质量。

二、优化原则

1. 搞好室外环境的总体设计。注重环境的整体美,从全局出发,结合地形、地貌、地物,处理好小区外部环境的空间布局及景观。

2. 美化主要景观路线和景观节点。对小区的主要街道、河道的景观进行规划设计,对住区入口、街心广场、道路交叉口等主要景观节点做重点处理。

3. 提供良好的户外交往空间。根据村镇居民的生活习惯和活动规律,设置多层次的户外交往空间,满足休憩交往需要,使农村传统的亲密乡情和睦邻观念得以更好地继续发扬。

4. 做好环境的绿化、美化工作。从绿化布局、绿化方式、绿化构成等多方面入手,分级进行绿化,充分发挥绿色空间的环保、美化作用,提高小区环境质量。

5. 加强相关设施建设。合理配置各项设施,方便服务和管理,适应现代村镇居民的生活需求,从而达到美化、亮化、净化的目的。

三、优化的手法和措施

(一)外部空间环境的总体布局

1. 因地制宜,灵活布置外部空间。平原地带——应注意运用建筑物的布局来围合、界定外部空间和院落。山地(丘陵地)——结合地形运用建筑物垂直于等高线的布局手法形成地面高低起伏的外部空间;运用建筑物平行于等高线的布局手法形成向心式或开放式的外部空间(图2-17)。水乡——结合水网河道形成自然流畅的带状、网状外部空间、营造宜人的亲水环境。

2. 将点状的宅院空间、带状的道路空间和块状的广场、庭院空间结合在一起,形成疏密有致,多层次的外部空间体系。

3. 参照人们户内外活动的行为规律,应妥善利用半室外空间如建筑的外廊、敞厅、架空层、亭子、过街楼、骑楼等丰富外部空间的层次。

4. 建筑布局和单体设计应避免形成外部阴角空间,特别是面积较小的阴角空间以及人的视线不易看到的空间,以减少脏乱和不安全隐患。

(二)美化景观路线和景观节点

1. 组织好景观路线的空间序列

通过街道空间的收放、转折及地面的高低使景观路线富于变化(图2-18);运用虚实对比、高低错落、曲直进退、疏密相间等手法组织沿街建筑;利用对景、借景、框景等手法,随道路走向设定观赏对象,达到步移景异;利用树木、花坛、椅凳及广告牌、宣传橱窗等丰富美化

(a) 垂直等高线跨越式布置

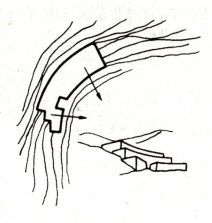
(b) 顺应等高线向心式布置

(c) 垂直等高线台阶式布置

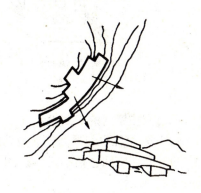
(d) 顺应等高线开放式布置

图 2-17 结合山地地形灵活布置外部空间

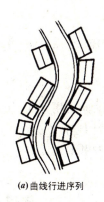
(a) 曲线行进序列

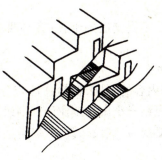
(b) 起伏空间序列

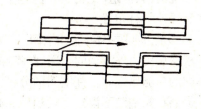
(c) 收放空间序列

图 2-18 景观路线的空间序列示意

街道的景观;山地住区的景观路线应对仰视(或俯视)景观和第五立面的景观效果进行规划设计。

2. 景观节点是景观路线的高潮,应重点设计、美化

运用象征、对比等手法突出景观节点(住区的入口、道路的交叉口或中心广场)的标志性和可识别性(图 2-19)。结合现状地形、地貌、地物突出节点特征,如村前的古树、碑亭或地

形起伏、凹凸的变化等等。运用具有传统空间象征意义的构筑物如钟楼、牌楼、照壁等丰富景观节点的构成。

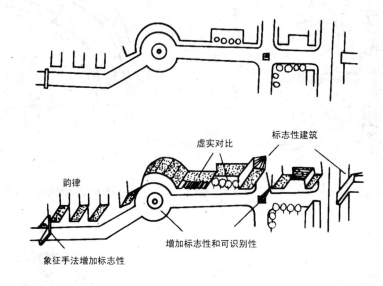

图 2-19 景观节点示意

(三)交往空间的规划设计

1. 户外交往空间系列特点及功能要求

户外交往空间包括小区中心、组群中心、院落和私家宅院多个层次,其特点及功能要求如表 2-15 所示。

我国农村民风淳厚,民俗活动多,家族观念重,邻里关系密切。左邻右舍平日见面交谈,逢年过节走亲访友,人情味浓厚。在村镇外部环境设计中,应多为居(村)民创造用于集会、交往休闲的活动场所。

2. 交往空间的设计要点

环境清洁、舒适、优美;具有安全感,不受交通的干扰;有必要的消闲、交往设施;交往空间多和绿地结合布置。

3. 设置不同层次的交往空间

根据居民户外活动的范围、频率和内容的不同,村镇住区应分级设置交往空间,使之具有不同的功能属性。交往空间的分级可结合小康村镇住区规划组织结构进行划分。

提倡私家宅院不设封闭式围墙。必要时,或设绿篱,或以空透围栏相隔,总之,内外空间要彼此勾通,互为渗透,利于交往。

不同层次交往空间的特点及功能要求　　　　　　表 2-15

交往空间分级	村镇住宅小区		住宅组群中心	院　落	私家宅院（露台）
	镇小区中心	中心村庄中心			
使用对象	镇小区居民	中心村村民	组群内居民	院内居民	独户居民
使用对象关系	乡里		邻里	邻居	家人
使用频率	周期式		日常式		时常式

续表

交往空间分级	村镇住宅小区		住宅组群中心	院落	私家宅院（露台）
	镇小区中心	中心村庄中心			
功能属性	交往休闲、娱体活动	集会、观演、民俗活动、娱体活动、交往休闲	交往休闲、老人、儿童活动	邻居交谈休闲，老人、幼儿活动	家人休闲聊天，个人休闲
活动场地和设施	运动场地如篮球场、排球场及民间娱乐体育活动设施；供老人、儿童活动的场地；游戏器械设施；供休息的台桌、椅凳、花架、凉亭、宣传栏等小品及绿地	集会广场（可设舞台、戏台）；运动场地，如篮球场、排球场及民间娱乐体育活动设施；供老人、儿童活动的场地；游戏器械设施；供休息的台桌、椅凳、花架、凉亭、宣传栏等小品及绿地	运动场地及设施，如乒乓球台等；供老人和儿童活动场地；儿童游戏器械；台桌、椅凳（结合花架、凉亭等小品布置）、绿地	供老人、幼儿活动的场地（有日照，以平地为主，减少高差）；台桌、椅凳、绿地	铺地、桌凳、花架
空间的公共与私密程度	公共		半公共	半私密	私密

不同层次的交往空间，其规划布局手法、设施配置和场地面积，均各有不同，参见表2-16。

不同标准交往空间应达到的基本要求　　　表2-16

基本要求 小康居住标准分级	类别 交往空间设置	布局	活动场地和设施
一般居住标准	有小区级交往活动中心	结合公共建筑中心布置	有铺地、桌凳
推荐居住标准	有住宅小区中心和住宅组群中心两个层次	布局较灵活；小区级交往空间有一定的功能分区；并划分出儿童活动区域	有基本的娱乐、体育设施和儿童游戏设施；有绿地和桌凳、宣传栏、花架等小品
理想居住标准	住宅小区中心、住宅组群中心和院落三个层次	布局方式灵活多样；小区级交往空间有明确的功能分区，划分不同年龄段居民的活动区域，如幼儿、少年儿童、成人和老年人的活动场地。以下各级依次从简	有完善的运动、娱乐、休闲设施；地面铺装，桌椅设置较精致且有丰富优美的绿化和小品

4．交往空间的位置选择

交往空间常结合公共建筑群或绿地布置在地域（如镇小区、住宅组群）的中心地带。可与公共建筑群结合布置成中心广场；或结合自然景观和古迹布置，如村中的池塘边、碑亭、寺庙、祠堂旁、参天古树下，以及山地村镇的台地或盆地上等等；交往空间还可设置在居民生活中常去活动、相聚的地方或必经之处，如天然小树林、芳草地以及住区出入口和道路交叉口的就近地段等（图2-20）。

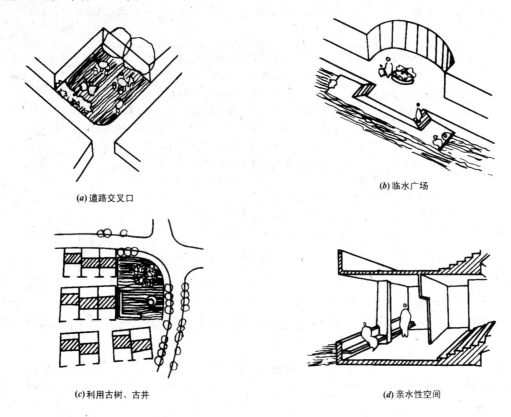

图 2-20 交往空间位置选择举例

5. 交往空间的领域划分

交往空间的领域划分，宜根据空间的使用对象、使用要求、公共与私密程度等因素区别对待。如小区中心的交往空间应设计得较开敞；儿童活动场地要保证安全、设施尺度小；私家宅院私密性较强，可适当象征性闭合。其具体的划分手法有：以建筑构件如外墙、院墙等实体围合、分隔出明确的交往空间领域；以道路、绿化、水体及地面的变化为手段，形成无形界面，灵活划分领域；或以牌楼、门垛、门洞自身或彼此联合等虚拟界面限定空间领域（图2-21）。

（四）多途径地搞好绿化布置

1. 村镇住区绿地的功用

利用各种环境设施如树木、草地、花卉、水体、铺地、小品等手段创建美好的户外环境；构建居民户外生活空间，满足休息、散步、游览等活动需要；净化空气、水质、土壤，减低噪声，起到环境保护作用；种植经济作物，既起到绿化的作用，又能增加经济收益。

2. 绿化构成及绿化指标

村镇小区的绿化构成可分为两类：一类是景观植物绿化，另一类是既能观赏又有经济价

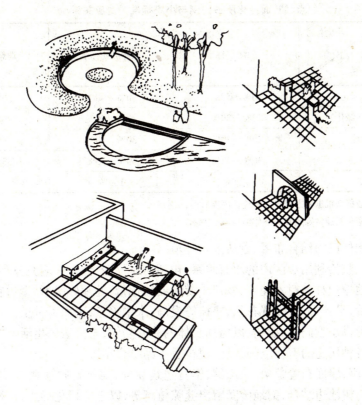

图 2-21 交往空间领域划分手法举例

值的植物绿化,如苗圃、果树、药材、花卉和藤架等,后者正是村镇绿化构成的一大优势,应大力提倡。在具体布置时,两类绿化可相对区分,也可穿插相间或结合在一起布置。

村镇示范小区的绿化应纳入规划统一布置,合理安排公共绿地。小区绿地率不低于30%,镇住宅小区公共绿地指标应≥$2.5m^2$/人,中心村庄公共绿地(纯观赏植物)指标≥$1.5m^2$/人。

3. 绿化方式

(1)"点"、"线"、"面"相结合

就村镇小区而言,点为公共绿地,线为路旁绿化及沿河绿化等绿化带,面为所有住宅建筑的宅旁和宅院绿化。绿化布置应根据住区的环境特点,采用集中与分散相结合,点、线、面相结合的方式,使其形成网络,有机地分布于住区环境之中,形成完整的体系。

小区绿化中点、线、面三者之间的比例与小康居住标准有着密切的关系:小康居住标准越高,称之为"点"式的集中公共绿地的比重也就越大。对小康居住一般标准来说,绿地率可相对较低,但不小于30%。集中公共绿地较少,而以庭院宅旁绿地为主。小康居住标准越高,绿地率也就越大,集中的公共绿地所占比重也就越大,参见表 2-17。

还需说明的是:属于"点"式的公共绿地,其指标尚应符合最低规模的要求。

(2)平面绿化与立体绿化相结合

立体绿化的视觉效果非常引人注目,在搞好平面绿化的同时,也应加强立体绿化,如对院墙、屋顶平台、阳台的绿化,棚架绿化以及篱笆与栅栏绿化等。立体绿化可选用地绵、爬藤类及垂挂植物。

点、线、面绿化所占比例与小康标准的对应关系　　　　表 2-17

绿化形式＼所占比例＼小康标准	一般居住标准	推荐居住标准	理想居住标准
面(宅旁宅院绿化)	40%～50%	30%～40%	20%～30%
线(路旁及沿河绿化)	20%～30%	20%～30%	20%～30%
点(公共绿地)	20%～30%	30%～40%	40%～60%
绿地率	30%～32%	30%～35%	33%～40%
绿地总量	100%	100%	100%

注：1. 本表所列数据系根据实态调查资料统计测算所得,供参考。
　　2. 表中绿地率包括观赏绿地和经济作物绿地在内。

(3) 绿化与水体(道)结合布置,营造亲水环境

应尽量保留、整治利用小区内的原有水系,包括河、渠、塘、池。尚应充分利用水景条件,在小区的河流、池塘边种植树木花草,修建小游园或绿化带;处理好岸形,岸边宜设让人接近水面的小路、台阶、平台,还可设置花坛、座椅等设施;水中养鱼,水面可种植荷花。在有条件的河网地区,还可设小型码头、游船,以增加水体的旅游功能,丰富居民生活。

(4) 绿化与各种用途的室外空间场地、建筑及小品结合布置

结合建筑基座、墙面布置藤架、花坛等,丰富建筑立面,柔化硬质景观;将绿化与小品融合设计,如坐凳与树池边结合,铺地砖间留出缝隙植草等,以丰富绿化形式,获得彼此融合的效果(图 2-22);利用花架、树下空间布置停车场地;利用植物间隙布置游戏空间,等等。

图 2-22　绿化和室外空间场地、小品的结合布置举例

(5)观赏绿化与经济作物绿化相结合

镇住宅小区及中心村庄的绿化,特别是宅院和庭院绿化,除种植观赏性植物外,尚可种植一些诸如药材、瓜果和菜蔬类的花卉和植物。

(6)绿地分级设置

村镇小区内的绿地应根据居民生活需要,与小区规划组织结构对应分级设置。分为集中公共绿地、分散公共绿地、庭院及宅旁绿地等四级,见表2-18。

绿地分级设置要求 表2-18

分级	属性	绿地名称	设 计 要 点	最小规模(m²)	最大步行距离(m)	空间属性
一级	点	集中公共绿地	配合总体,注重与道路绿化衔接;位置适当,尽可能与小区公共中心结合布置;利用地形,尽量利用和保留原有自然地形和植物;布局紧凑,活动分区明确;植物配植丰富、层次分明	≥750	≤300	公共
二级		分散公共绿地	有开敞式或半封闭式;每个组团应有一块较大的绿化空间;绿化以低矮的灌木、绿篱、花草为主,点缀少量高大乔木	≥200	≤150	
	线	道路绿化	乔木、灌木或绿篱			
三级	面	庭院绿地	以绿化为主;重点考虑幼儿活动场地	≥50	酌定	半公共
四级		宅旁绿化和宅院绿化	宅旁绿地以开敞式布局为主;宅院绿地可为开敞式或封闭式;注意划分出公共与私人空间领域;院内可搭设棚架、布置水池,种植果树、蔬菜、芳香植物;利用植物搭配、小品设计增强标志性和可识别性		酌定	半私密

(五)净化住区环境、亮化村镇夜晚

1.净化住区环境

(1)村镇住区要远离有污染的村镇企业,要确保住区的大气质量达到国家大气环境质量二级标准;

(2)管线埋入地下,保证环境的整洁。污水经处理达标后方可排放,禁止明渠排放污水;

(3)取缔旱厕,公厕应为粪便无害化处理的卫生厕所,位置应设在隐蔽而易找到的地方;

(4)在公共活动场所和住宅组群设置垃圾箱或收集点,推行垃圾分类收集的方式,垃圾箱(收集点)的设置距离不大于80m;

(5)家禽家畜应在住区外一定距离的地段圈地集中饲养。

2.配置照明设施,亮化村镇夜晚

(1)主路和干道应设置路灯,路灯应明亮整齐。宅前路或巷路的照明灯可附墙设置;

(2)公共中心和主要街道可增加静态或动态的广告灯、霓虹灯;

(3)茶楼酒肆、饭馆门前可采用灯笼光环、光柱等装饰性照明,突出村镇和地方特色;条件许可的地方,逢年过节可用轮廓灯、探照灯等勾画、突出小区中心和主要景观。

第三章　村镇小康住宅设计优化

第一节　确立科学合理的家居功能模式
——住宅设计优化的前提

　　实态调查中所反映出来的住宅问题,尽管表现在方方面面,但究其原因,均可归结到一点,那就是缺乏一个用以进行住宅合理设计的科学依据。这就是说,若要达到住宅设计优化的目的,就必须首先提供一个保障"优化"得以实施的前提。这个"前提",就是必须为跨世纪的村镇小康住宅确立一个科学合理的家居功能模式。

　　作为跨世纪的村镇小康住宅的科学合理的家居功能模式,应该规范两个方面的内容:一是要确立一个适用、安全、方便、卫生、舒适的生活程式,包括户内外空间过渡,宅内的合理功能分区,各专用功能空间的界定及彼此适度变通的可行性等等。这些,统称为基本功能需求。二是要顾及到村镇家居功能的多样性,即不同职业和较高经济收入的住户,均有其超越于上述基本生活程式之外的特殊家居功能需要,诸如农具粮食贮藏、手工作坊、营业店铺、仓库,以及专用的书房、客厅、客卧、健身娱乐活动室等等,这些,则统称为附加功能需求。将上述基本的附加的两项功能需求加以合成,从而得出一个科学合理的村镇小康家居功能模式(图3-1)。 这个家居功能模式,扼要而又清晰地表述了跨世纪村镇小康住宅构成的全部内

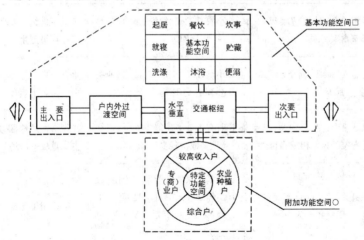

图 3-1　家居功能模式框图

注:①框图中的基本功能空间用□表示;附加功能空间用○表示;
　　②基本功能空间指家居生活必不可缺的;附加功能空间系指因住户所从事职业的特定需要或提高生活质量所添加的功能空间;
　　③本框图仅表示各功能空间的大致关系,不反映其数量、确切位置及水平或垂直划分;
　　④垂直分户的住宅,一般均有条件设置主次两个出入口;水平分户的住宅可视条件设一个或两个出入口;
　　⑤本章中所说的"附加功能空间"即是《村镇示范小区规划设计导则》中所说的"辅助功能空间"。

涵以及各组成部分彼此之间的关系。可以说,这个模式框架即是村镇小康住宅的内核,抑或前提。唯有按照这个模式框架并遵循科学的设计程序去深化村镇小康住宅设计,妥善解决套型种类问题、套内功能布局问题、各专用功能空间项目的合理配置与自身构成问题,还有设备设施的配置标准问题等等。这样,就能扬弃以往村镇住宅设计中那种随意性及无章无序等弊病,从而达到确保优化设计的目的。

第二节 住宅套型设计优化

从各地各类村镇住宅的实态调查中发现,普遍存在的问题是:功能不全且与住户的特定要求不相适应,面积大而不当,使用不得法以及生搬硬套城市或外地住宅模式等等。这些都反映出村镇现有住宅套型问题的严重性,若要彻底改变现状,实现套型设计的优化,就必须以上节中所说的科学合理的村镇小康家居功能模式为依据,从最基本的环节做起,有序有效地分项探索,从而达到住宅套型设计优化的目的。

一、户类型及其特定功能空间分析

户类型、户结构、户规模是决定住宅套型的三要素。除每个住户均必备的基本生活空间外,各种不同的户类型(不同职业)还要求不同的特定附加功能空间;而户结构的繁简和户规模的大小则是决定住宅功能空间数量和尺度的主要依据。经过全国近 2000 户村镇住户实态调查及综合分析研究,其规律可见表 3-1。

户类型及其特定功能空间 表 3-1

序号	户类型	与家居功能有关的生产经营活动	特定功能空间	备 注
1	农业户	种植粮食、种植蔬菜果木、饲养家禽家畜	小农具贮藏、粮仓、菜窖、微型鸡舍、猪圈等	少量家禽饲养要严加管理,应确保环境卫生
2	专(商)业户	竹藤类编织、刺绣、服装、雕刻、书画等	小型作坊、工作室、商店、业务会客室、小库房	垂直分户,联立式或联排式建造。多为下店(坊)上宅
3	综合户	以从事专(商)业为主,早晚兼种自家的口粮田或自留地	兼有 1、2 类功能空间,但规模稍小,数量较少	在经济发达地区,此类户型所占比重较一般地区更大
4	职工户	在机关、学校或企事业单位上班,以工资收入为主	以基本家居功能空间为主,较高经济收入户可增设客厅、书房、阳光室、客卧、家务室、健身房、娱乐活动室等	一般采用单元式多层住宅

注:1. 实态调查结果表明,从事第一产业的农业户占 40.23%(其中近一半为农业兼营户);专业个体户占 26.25%;职工户占 31.79%;其主要职业不明确的"综合户"仅占 1.73%。
2. 中心村庄以 1、3 类户型为多;镇小区以 2、4 类户型为多。

二、户结构与户规模分析

村镇住户的辈份结构主要有二代户、三代户和四代户,人口规模大多为 4~6 人。实态调查统计结果表明,我国村镇两代户家庭比例最高,占63%;三代户家庭占32%;四代户家庭占2.1%。调查统计的另一结果是村镇家庭户平均人口是4.71人。四口之家稍多,占32.24%;五口及六口以上的大家庭也比较多,达35.76%。一代户很少,为过渡户型,一般约1~2年之后即演变为二代户。四代户占总户数比重虽不大,但在农业户中的比重却相当高。由于道德观念、传统习俗和经济条件等多方面原因,家庭养老仍然是我国农村住户的一种主要养老形式。在实态调查统计资料基础上,经过综合分析,村镇住户的户结构、户规模解析见表3-2。

常见户结构户规模构成解析表　　　　　表3-2

户结构名称	户人口数	户人口构成解析	备注
一代户	2人	一对夫妇	过渡户型
两代户	3人	一般为夫妇,一个孩子	此种结构、规模所占比重最大
	4人	一般为夫妇,两个孩子	
三代户	4人	祖辈1人,父辈2人,子辈1人	
	5人	祖辈$\frac{1}{2}$人,父辈2人,子辈$\frac{2}{1}$人	
	6人	祖辈2人,父辈2人,子辈2人	
四代户	5人	祖辈1人,父辈1人,子辈2人,孙辈1人	典型的多代同堂住宅农业户为多
	6人	祖辈1人,父辈$\frac{2}{1}$人,子辈2人,孙辈$\frac{1}{2}$人	
	7人	祖辈1人,父辈2人,子辈2人,孙辈2人	
	8人	祖辈2人,父辈2人,子辈2人,孙辈2人	

三、建立多元多层次的套型系列

按照不同户类型、不同户结构和不同户规模的组配系列及小康初、中、高三个层次,对应设置具有不同种类、不同数量、不同标准的基本功能空间和辅助功能空间的套型系列,详见表3-3。

四、户类型、套型系列与住栋类型选择

为了更好地做到既满足住户使用要求,又达到节约用地的目的,在上述根据不同户类型、不同户结构和不同户规模确定了村镇小康住宅套型系列的基础上,尚应恰当地选择住栋类型,以便更好地处理建筑物的上下左右关系,随机妥善处理住栋的水平或垂直分户、联立、联排和层数等问题。详见表3-4。

表 3-3

多元多层次套型系列

户类型	户身份结构	户人口规模	基本功能空间									附加功能空间							套型系列	示例
			门斗	起居厅	餐厅	过厅楼梯间	卧室	厨房	浴厕	贮藏	客厅	书房	家务室	健身活动室	客卧	加工间	商店	车库	禽合仓		
农业种植户，综合户[即亦专(商)亦农户]	二代	3口	1	1	1	1	2,3	1	1~2	按分类就近原则配置	○○●	●	1	●	●	G	S	●	N	2~3个卧室，一户一套	附录图29
		4口	1	1	1	1	3,4	1	2		"	"	1	"	"	"	"	"	"		
	三代	4口	1	1	1	1	3,4	1	2		"	"	1	"	"	"	"	"	"	3~6个卧室，一户两套，可分可合	附录图33,35
		5口	1	1	1	1	4,5	1~2	2~3		"	"	1~2	"	"	"	"	"	"		
		6口	1	1	1	1	5,6	1~2	2~3		"	"	2	"	"	"	"	"	"		
	四代	5口	1	1	1	1	4,5	1	2~3		"	"	2	"	"	"	"	"	"	4~8个卧室，一户两套或一户三套，可分可合	附录图30
		6口	1	1	1	1	5,6	1~2	2~3		"	"	2~3	"	"	"	"	"	"		
		7口	1	1	1	1	6,7	1~2	3~4		"	"	2~3	"	"	"	"	"	"		
		8口	1	1	1	1	7,8	2~3	3		"	"	3	"	"	"	"	"	"		
专(商)业户	二代	3口	1	1	1	1	2,3	1	1~2		○○●	○○●	1	●	●	G	S	●		2~4个卧室，一户一套	附录图32
		4口	1	1	1	1	3,4	1	2		"	"	1	"	"	"	"	"			
	三代	4口	1	1	1	1	3,4	1	2		"	"	1	"	"	"	"	"		3~6个卧室，一户两套，可分可合	附录图36
		5口	1	1	1	1	4,5	1~2	2~3		"	"	1~2	"	"	"	"	"			
		6口	1	1	1	1	5,6	1~2	2~3		"	"	2	"	"	"	"	"			
职工户	二代	3口	1	1	1	1	2,3	1	1~2	数量视具体情况确定	○○●	○○●	1	○	●	G	S	●		2~4个卧室，一户一套	附录图22(1)、图26
		4口	1	1	1	1	3,4	1	2		"	"	1	"	"	"	"	"			
	三代	4口	1	1	1	1	3,4	1	2		"	"	1	"	"	"	"	"		3~6个卧室，一户两套，可分可合	附录图27
		5口	1	1	1	1	4,5	1	2~3		"	"	1	"	"	"	"	"			
		6口	1	1	1	1	5,6	1~2	2~3		"	"	2	"	"	"	"	"			

注：1. ○示各种户类型的中级小康居住标准；●示各种户类型的高级小康居住标准；N示农业户；G示专业户；S示商业户。
2. 人口在4人以下的初级小康住户，起居厅与餐厅可合一，但厅内必须划分区布置，面积须满足使用要求。
3. 在四代户中，祖辈年龄超过70岁以上者，应设置老人专用浴厕。
4. 中心村庄的初级小康农业户，允许圈养少量家禽，但必须严格管理，确保环境卫生。

不同户类型、不同套型系列的住栋类型选择　　　　　　　　　　　　表 3-4

住栋类型 \ 户类型套型系列选择建议	农业种植户·综合户 一户一套型	农业种植户·综合户 一户两套型	农业种植户·综合户 一户三套型	专(商)业户 一户一套型	专(商)业户 一户两套型	职工户 一户一套型	职工户 一户两套型
垂直分户	中心村庄居住密度小，建筑层数低，用地规定许可时，可采用垂直分户	建造在中心村庄的一户两套型，可采用垂直分户	无论该型住宅建造在中心村庄或小区均宜采用垂直分户	此种户型的生产功能附加空间较大，几乎占据整个底层，生活空间安排在二层以上，故宜垂直分户	必须采用垂直分户，理由同左	基本上与城市多层单元式住宅相同，不可能采用垂直分户	不采用垂直分户，理由同左
水平分户	在确保楼层地面存放农粮和专用空间的前提下，可采用水平分户(上楼)，但层数最多不宜超过四层	保户采用水平分户，其要求同左。必要时，楼层户可采用内跃式以增住居积	不宜采用水平分户	为保证加生产功能使用上方便并控制建筑物基底面积，不可能采用水平分户	不采用水平分户，理由同左	为节约用地，职工户住宅一般建房少则3、4层，多达5、6层采用水平分户	采用水平分户，但要保证两个套的相对独立性

第三节　住宅功能布局优化

功能布局问题是优化住宅设计的关键，从实态调查看，至今村镇住宅功能布局问题仍然不少。主要是，生产生活功能混杂，家居功能未按生活规律分区，功能空间的专用性不确定，以及功能布局不当等等。因此，我们必须更新观念，革除陋习，以本章第一节所确立的科学的小康家居功能模式为准绳，深化各种功能需求及其相互关系的解析，为优化住套设计有针对性地提出布局的优化原则、优化方法及优化典型模式。

一、小康家居功能及其相互关系综合解析

通过实态调查收集到的大量资料，我们仔细分析了村镇住户一般家居功能规律及不同户类型的特定功能需求，推出了一个村镇家居功能的综合解析图式，见图3-2。这个图式较为全面准确地表达了村镇家居功能的有关内容、活动规律及其相互关系，其要点是：(1)强调了设置室内外过渡空间及家务室和次要出入口，以改善家居环境卫生，加强安全保障利于灾险疏散；(2)考虑到小康住宅的超前性、引导性和示范性，为提高生活质量和家居的私密性，将对内的起居厅与对外的客厅分设；(3)基于村镇居民收入和生活水平的提高，功能综合解析图示中增设了书房(工作室)、健身活动室和车库等高层次的功能空间；(4)鉴于村镇二、三

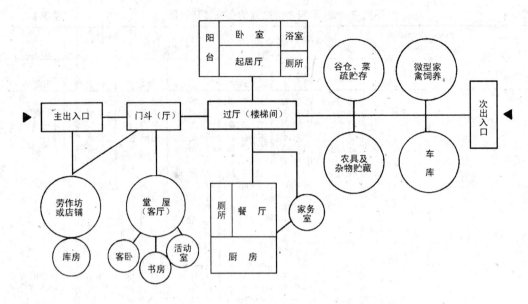

图 3-2 小康家居功能要素及其相互关系综合解析图

注：1. 图中基本功能空间用□表示；附加功能空间用○表示；
2. "—"表示彼此有联系；"□□"及"○○"表示彼此联系更紧密。

产业的蓬勃发展和市场经济的繁荣，图中还为专业户和商业户开辟加工间、店铺及其仓库等专用空间；(5)从发展趋势预测所阐明的我国21世纪初叶小康初级水平及中心村庄农业户的实际需要，图中还配置了农具及杂物贮藏、粮食菜蔬贮藏以及微型封闭式禽舍等等。此外，综合解析图还形象地展示了村镇小康住宅合理的功能分区平面布局的雏形。

二、功能布局优化原则

就村镇小康住宅功能布局而言，所谓优化，其针对性是鲜明的。一是要做到生产与生活区分，凡是对生活质量有影响的生产功能，一般应拒之于住宅乃至住区之外，若受经济水平限制或出于特定条件的需要，可以允许某些无污染的生产功能及虽有轻度污染但采用"微型"、"分区"、"严控"等手段能确保环境不受污染的部分生产功能纳入住宅或住区；二是要做到内与外区分，即：(1)由户内到户外，必须有一个更衣换鞋的户内外过渡空间；(2)客厅、客房及客流路线应尽量避开家庭内部生活领域；三是要做到"公"与"私"区分。"公"即是公共活动房间，如起居、餐厅、过厅(道)等应与私密性强的卧室、梳洗间等分离，力戒"公"对"私"的干扰。从一定意义上说，若做到了"公"与"私"的区分，基本上也就是做到"动与静的区分"了。四是要做到"洁"与"污"区分。诸如烹调、洗涤、便溺、农具、燃料、杂物贮藏，特别是禽舍等是有不同程度污染的，应远离清洁功能区；五是要做到生理分室。生理分室是居住文明的一项重要标志，它包括如下几个方面的内涵，即5岁(一般7、推荐6、理想5)以上的儿童应与父母分寝；7岁(一般9、推荐8、理想7)以上的异性儿童应予分寝(10岁以上的异性少儿应予分室)；16岁(一般18、推荐17、理想16)以上的青少年应有自己的专用卧室。六是要继承农居功能布局的合理传统，诸如以"堂屋"为中心的功能布局格局，对内与对外分开，"正房"与"杂屋"分开，"正房"及对外区在前，杂屋和对内区在后等等。这些布局手法均经过科学的调理之后，可应用于当今村镇住宅功能布局的优化。

化功能布局的具体措施

据村镇住宅户类型多、户结构繁、户规模大,以及户均建筑面积大等特点,为了确保贯彻□□功能布局优化原则,达到真正优化的目的,必须因条件制宜地采取有效的途径和相应的□□。总的说来,有如下三种处理方法。

1. 水平布局优化法

整套住宅均在同一层平面上,此种方法一般用于职工户多层单元式住宅。其水平功能□局,均以厅为中心向外围展开,并按各功能空间自身的特性及相互关系定位。各个不同的□型可根据各自不同要求选择适合于自己的围合方式(图3-3)。

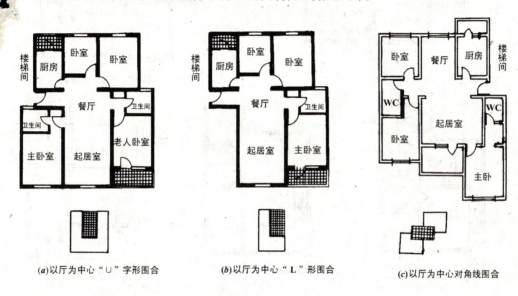

(a) 以厅为中心"U"字形围合　　(b) 以厅为中心"L"形围合　　(c) 以厅为中心对角线围合

图3-3　多层组合型住宅方案

2. 垂直布局优化法

将同一住户的各功能空间分布在两层或两层以上的楼层,多用于农业种植户、专业户、商业户或综合户[即亦专(商)亦农户]等户类型。尤其适合于这些户类型中那种多代同堂或雇用工人(保姆)的多辈份、多人口的大家庭住宅(图3-4)(附录图33、35、38)。其通常的布局方法是,附加功能空间在下,生活功能空间在上,对外部分在下,对内部分在上(图3-4)。垂直布局的优点是,必要时各层均可配置厨房、卫生间,且各自的起居厅,亦可相应配置户外活动场所(楼层为大阳台或屋顶平台),具有相对的独立性。它以各层的厅为中心,以垂直交通枢纽——楼梯间为纽带,将各层联成一个统一体,整体性亦强,可分可合,十分方便(图3-5)。此种垂直布局方法可分为整层跃层式和整半复合式两种。根据村镇住区的具体情况,垂直分户套型可采用两层半至四层半不等。垂直分户套型可两户联立或多户联排建造,每两个单元共用一个外楼梯,在保障外楼梯顺利通行的前提下,其上、下空余空间可加以利用,作为各层的辅助用房。

3. 空壳体内灵活布局优化法

为了适应村镇家居功能多样化特点,满足不同户类型、不同户结构和不同户规模所产生的多元多层次套型系列的各种需求,"优化"还可以采用在同一套型内灵活改变其功能布局

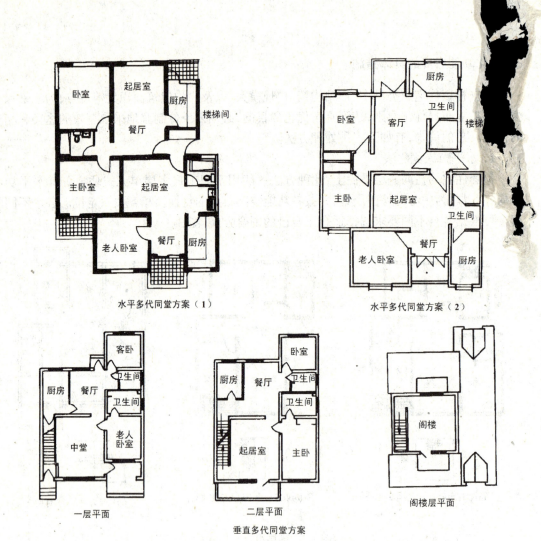

图 3-4 多代同堂方案举例

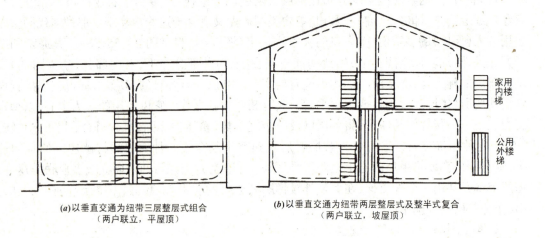

图 3-5 垂直布局举例

的方法。该方法源于荷兰 SAR 住宅建筑体系,是建立在住宅高度产业化、住宅构配件及住宅产品商品化基础上的。结合我国村镇 21 世纪初叶的经济水平和住宅产业化水平,应用此法时必须把握如下要点:

(1)根据不同户类型,南北不同地理气候等条件,空壳体可相应采取不同的平面形状。

(2)户结构、户规模相同的多层次的面积标准可通过调整空壳体的柱网(开间、进深)尺寸来解决。

(3)住宅建筑分空壳体和填充体两大部类。空壳体包括主要承重墙、柱,是不变的;填充体包括轻质隔断、家具隔断和各种软质隔断,是可拆卸改装的。套内功能布局的改变,是通过填充体(隔墙、其它隔断)安装位置的变换,套内空间的再划分来实现的(图 3-6)。

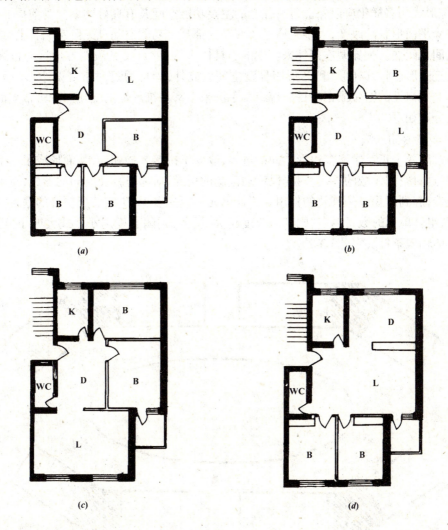

图 3-6 套内灵活布局举例

(4)厨、卫是住宅的心脏,水、暖、气、电管缆较多,构造复杂,为确保套内空间灵活性和可变性的顺利实施,采取厨卫定位,不予变动。

(5)空壳体住宅套内功能的灵活布局宜分两个层次实施:第一个层次系由设计者提供多

种方案,经住户择定后按常规施工方法进行建造,方案可自由选择,但建成进驻后,要改变套内布局的难度较大;第二个层次适合于经济基础好,住宅产业化及构配件和住宅产品商品化、装配化程度较高的建造体系。这种灵活布局方法,可最大限度满足因家庭人口结构变化、人口数量变化、季节变化以及生活模式变化等不同需求,随时可根据需要进行改变。

四、功能布局优化与住栋组合

住宅套内功能布局优化的途径有二:一是合理调整不同功能空间的区位,使之各得其所;二是通过改变住套平面形状来进一步完善或优化住宅套内的功能布局。而住套平面形状的变化,又必然带来住栋组合的变化,即改变住栋外形,达到住栋形式多样化的目的。当然,住栋形式的多样化应以保证每一住套的主要功能空间具有良好的朝向为前提。

住套平面形状的改变,大多是通过改变其内部某一功能空间(厅、卧室、厨、卫)或在住套与楼梯间之间嵌入一异型连接体来实现的。具体来说,就是要突破四方形这一世袭模式而代之以五边形、扇形(梯形)和Z形等异型空间。此外,尚可通过对常规四边形单元采用规律性和非规律性的错位或正斜拼接等组合手法来丰富住栋形体的变化。现将常见的几种组合手法分述如下。

1. 多边形插入法

通过用两个正反毗连多边形空间的过渡,改变了拼接体的朝向,从而形成了一个围合式的庭院,这对空间领域的界定,对居民活动范围的引导,对邻里社交空间的形成,对半公共环境的创造,起到了积极的有效的作用。组合单元个数的多少,决定着所围合的庭院空间的围合程度,组合单元的数目越多,则其闭合度越大,反之,则闭合度越小。或大或小,可根据需要或具体环境条件决定(图3-7)。

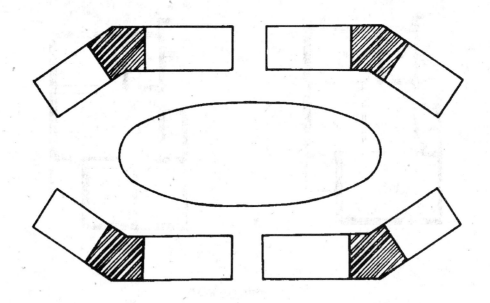

图3-7 多边形插入法举例

2. 扇形插入法

采用扇形转角单元作为插入体,可形成一个"L"形的圆弧形拐角住栋。若插入体为1/4

圆的扇形,则连成的住栋将是一个直角(90°)"L"形;若插入体扇形小于1/4圆,则所连成的住栋将是一个钝角(＞90°)"L"形;若插入体扇形大于1/4圆,那所连成的住栋将是一个锐角(＜90°)"L"形。到底取何种形式,可根据具体情况自行确定(图3-8)。

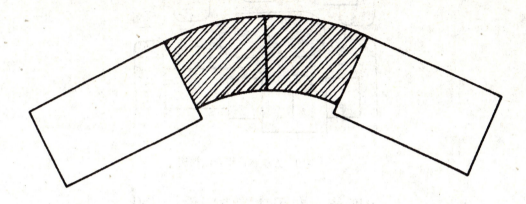

图3-8　扇形插入法举例

3. "Z"字形插入法

将两个方块形彼此上下对角部位重叠所形成的"Z"字形块体,对活化住栋形式效果显著。重叠部分可布置成两个相邻方块住户共用的楼梯间,此种布局平面紧凑合理,交通流线顺畅,若采用不同数目单元正反随机组合,能使住栋平面紧凑合理,交通流线顺畅,若采用不同数目单元正反随机组合,能使住栋型体变换多端,此种布置方法对美化建筑、活跃空间十分有效(图3-9)。

平面示意

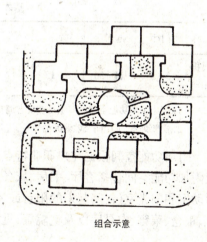
组合示意

图3-9　"Z"字形插入法举例

4. 方块错位组合法

用最简单的四方块体附加一个条状梯间错位排列组合,亦可得出体型多变的住栋来,诸如锯齿形、"V"形、"L"形以及"山"字形等等。方块型体的结构和构造相对简单,施工方便,但将其错位组合,仍能获得如此多样化的体型,实属最佳选择(图3-10)。

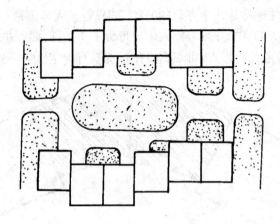

图 3-10 方块错位组合法举例

第四节 专用功能空间设计优化

建筑空间功能的不确定性是以往村镇住宅的一大问题。村镇住宅设计优化的一个重要措施,就是要建立起"专用功能空间"的概念。村镇住宅的基本功能空间包括:门厅、起居厅、餐厅、卧室(含老人卧室)、厨房、卫生间及贮藏间等。以从实态调查中所观察和实测到的数据为基础,经过审慎的分析研究,我们给各基本功能空间拟定了一个弹性面积标准(低值——低于此值不满足使用要求;高值——高于此值大而不当,浪费,也不适用),供示范小区的小康住宅设计选用,见表3-5。

基本功能空间建议面积标准　　　　　　表 3-5

名称	门厅	起居厅	餐厅	主卧室 (老人卧室)	次卧室	厨房	卫生间	基本贮藏间	
								数量	总面积(m²)
面积 (m²)	3~5	14~30	8~15	12~18	8~12	6~10	4~8	2~4	4~12

注:1. 表中基本功能空间的面积是在实态调查数据基础上经过分析合理调整后确定的;
　　2. 次要卧室、卫生间及贮藏间的数量,视具体情况确定。

附加功能空间根据住户职业特点或依据住户的经济水平、个人爱好选定。计分三级:中级附加功能空间包括客厅、书房、家务室、宽敞阳台及平台;高级附加功能空间包括健身娱乐活动室和阳光室(封闭起来的阳台或屋顶平台);生产性辅助功能空间包括加工间、库房、商店、粮仓、菜窖、农具库以及宅院等,见表3-6。

附加功能空间建议面积标准　　　　　　表 3-6

类别	中　级					高　级			生产经营性 附加功能空间		
名称	客厅	书房	家务室	宽敞阳台	平台	客卧	健身 活动室	阳光室	生产 加工类	书画 刺绣类	店铺
面积(m²)	16~30	10~16	8~12	4~8	12~20	12~15	14~20	8~12	面积大小根据 实际需要确定		

注:表内生产经营性附加功能空间的项目及面积,系在调查资料基础上经分析研究、实地观测及座谈走访后确定的。

村镇住宅有别于城市住宅的首要特点就是城市住宅所没有的生产性附加功能空间和粮食、农具一类的贮藏空间。不同户类型所形成的套型之间的区别主要体现在生产性附加功能空间上,村镇住宅的厨房、卫生间也具有不同于城市住宅的乡村所固有的某些特点,现逐一分述如下。

一、厨房

厨房是村镇住宅中最能代表乡村特色的功能空间之一,从现状调查来看,其主要特点是多种燃料并存,双灶台(大小灶台)、双厨房(但厨房设施不全,操作流程不顺)等情况依然存在,既有特点,又有问题。是问题的要解决,是特点的要保持,并从总体布局上予以优化。

(一)优化原则

(1)按照贮、洗、切、烧的工艺流程进行设施布置;(2)按现代化生活要求及不同燃料、不同习俗等具体条件配置厨房设施;(3)在住宅产业化程度高的发达地区,空壳体与填充体可分别对待,在能利用同一下水系统的前提下,为满足变化了的使用要求,厨房设施可就近成套移动;(4)考虑到各地村镇的传统、不同年龄段生活习惯的差异以及燃料互补等因素,在一户多套内可以是多厨房、多灶台。

(二)厨房设施的分级设置

根据小康居住标准和地方传统特点及建筑面积的大小,将厨房设施按二级进行分级设置。一级(基本设置)是:过渡性的煤灶台或燃气灶台、案板台、洗菜池(无家务室时,可利用厨房的"潜空间"设拖布池)、吊碗柜、排油烟机、电源插座。操作台延长线长度≥3.0m(图3-11)。二级(高级设置)是:燃气灶台、案板台、洗菜池、吊碗柜、排油烟机、电冰箱、拖布池、微波炉,其它电器设备,操作台延长线长度≥3.3m。

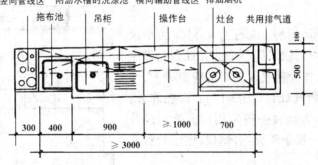

图3-11 厨房设施设置及尺寸要求

(三)厨房多种形式的平面及空间布局

作为洗切、烹调等主要操作空间外,厨房宜设有附属贮藏间,包括粮食、蔬菜及燃料的贮藏等。其功能布局可视具体条件采取多种形式,即

1. 双排布置平面(图3-12);
2. 单排布置平面(图3-13);
3. 双厨房。

(1)多代同堂户一户可用两套甚至多套厨房。楼上设年轻人厨房、楼下设老人厨房。上

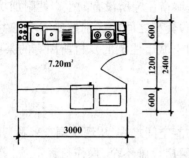 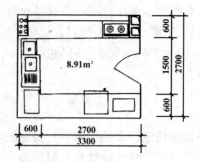

图 3-12　双排布置平面举例

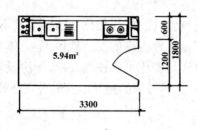 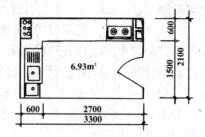

图 3-13　单排布置平面举例

下对齐，共一个上下水管道系统。水平分户单元式住宅，两套可毗连布置，即共用一个上下水系统。

(2)个别地方由于受燃料问题的牵制，一定时期内，允许其设置冬夏分别使用的厨房；一个在本体住宅里，供春、冬、秋使用；另一个在院内附属房内，供夏天使用。

4.双灶台(间)厨房。对于中心村庄的小康初级居住标准住户，其燃煤、燃柴的大灶台允许短时期内继续使用，作为就餐人多时的应急补充，平时还应主要使用燃气灶台(图 3-14)。而在北方，特别是东北地区，大灶台一般常用作火炕加热升温而保留下来。一旦条件成熟，燃煤、燃柴灶台必须废除。

5.DK 式厨房。厨房面积适当扩大，可摆放小餐桌，作为特殊情况下个别人临时就餐之用(图 3-15)。全家的正式就餐有另设的正式餐厅。

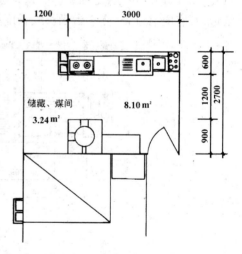

图 3-14　双灶台厨房示意

6.开敞式厨房。南方有些地区，开敞式厨房越来越多地进入村镇住宅，但"开敞式"厨房要求设施水平高，机械排风能力强，对烹调方式最好也有所限制。就我国具体条件而言，厨房不宜全开敞，可代之以玻璃隔断。

7.空间统筹安排。厨房内灶具、洗涤池、工作台和煤气热水器等设备的定位安装及其上、下部空间的利用，还有垂直管道井、水平管道带等的走向及定位，都应细致、周到、统筹安排，做到适用、方便、安全和美观(图 3-16)。

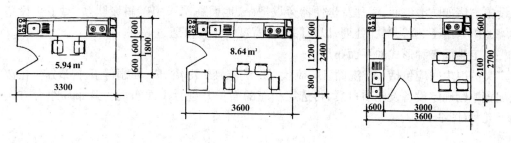

图 3-15　DK 式厨房举例

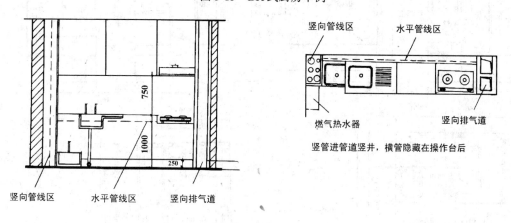

图 3-16　厨房管线系统综合示例

二、卫生间

和厨房一样,卫生间既是住宅的关键部位之一,同时也是衡量文明居住的一个重要尺度。实态调查同样证实,现有村镇住宅卫生间至今仍存在不少问题:包括住宅内无卫生间,院一角搭建旱厕;跃层式住宅仅在底层有卫生间,其余各层未设;卫生间设施功能不全,面积不当,有的过大(10m² 以上),有的过小(2m² 左右);在经济发达的有些地方,则卫生间数量过多,一个卧室一个卫生间,超过了合理的数量,等等。这些问题表明,我国村镇住宅卫生间现状离文明居住标准相差甚远,必须予以优化。

(一)优化原则

针对上述存在的问题,按照适用、卫生、舒适的现代文明生活准则,现推出如下原则来实施优化,即功能齐全,标准适当,布局合理,方便使用。洗面、梳妆、洗浴、便溺、洗衣等五大功能,要求做到按不同情况可分可合。垂直独户式住宅每层至少应有一个卫生间。主卧宜有专用卫生间。如设有老人卧室,则应设老人专用卫生间,并配置相应的安全保障设施,单元式多层住宅,每套(3 个卧室以上)应有两个卫生间;考虑到各地村镇不同的卫生习惯,应因地因条件制宜地安排卫生间的位置及其设施;为保障住宅的可改性,在技术经济条件允许的情况下,宜将空壳体与填充体分离,必要时卫生间设施设备可成套移动、可分离置换。

(二)分级配置卫生间设备设施

一级配置(基本配置):蹲便器(坐便器)、面盆、淋浴器、镜箱、通风道、地漏、电源插座、洗衣机位。二级配置(高级配置):坐便器、洗面台、浴缸、梳妆台、通风道、地漏、电源插座、洗衣机。特殊配置:如有老年人或残疾人,要考虑其特殊使用要求,配置相应的设备及安全和无障碍设施。诸如防滑地面,浴盆及坐便器旁设把手,地面高差采用磋斜坡联系,对卫生设备及内墙的阳角给予"圆"、"软"处理,以及门洞口宽度便于轮椅通过等等。

(三)卫生间多种形式的平面布局

广义的卫生间应包括:A. 洗面、B. 梳妆、C. 洗衣、D. 洗浴、E. 便溺等五个部分。在按分级配置原则确定设备设施项目后,再选定相应的面积并进行平面布局。其布局组合方案有如下几种(图3-17):

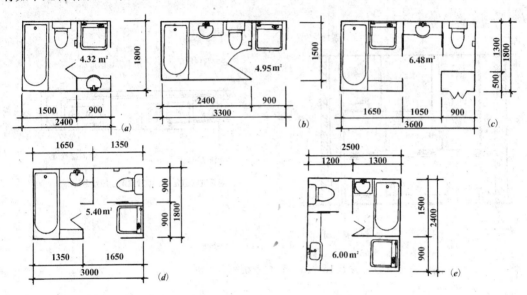

图 3-17 卫生间布局组合方案举例

1. |A+B+C| + |D+E|,见图 3-17(a)。
2. |A+B+D+E| + |C|,见图 3-17(b)。
3. |A+B| + |C+D| + |E|,见图 3-17(c)。
4. |A+B+D| + |C| + |E|,见图 3-17(d)。
5. |A+B| + |A+D| + |C| + |E|,见图 3-17(e)。

对于较高经济收入的家庭,尚可将卫生间所包容的洗衣功能独立出来,再加上衣服烘干、熨烫、拖布和抹布的洗涤、吸尘器和其它清洁工具的贮存,而成为一个独立的家务劳动室(图3-18)。

(四)做好管道综合设计

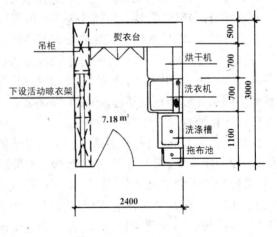

图 3-18 家务室布置示意

管道布置的原则是管线要短捷、集中、隐蔽、少占空间;依附墙角或柱子设立集中管道井;综合水平管道带的布置,应与操作台、低柜或吊柜结合布置,隐藏其后;水、电、气三表实行户外计量:视具体条件或将三表安装在户门外之楼梯间(图3-19),或采用电子计算机管理系统进行远程计量。

三、贮藏间

贮藏物品种类多,贮藏空间数量多,贮藏面积大是村镇住宅的一大特点,这是由于村镇居民的生产和生活方式决定的。现状村镇住宅在贮藏方面存在的问题是:随意堆放,贮藏室和其它功能空间混杂,没有明确划分;不同种类的物品未能分类贮藏,亦没有按使用要求定位,造成使用上不便;贮藏间内部没有合理安排,建筑空间没有得到充分利用;贮藏间不够时,竟临时就地搭建平房,从而导致脏乱差,环境质量下降,等等。为了改变这种状况,今后村镇小康住宅贮藏间的设计,无论是新建还是改建,均必须按分类、就近贮藏,充分利用空间的原则予以优化。

(一)优化原则

(1)相对独立,使用方便。贮藏空间要和其它功能空间加以区分,应就近分离设置。

(2)分类贮藏。贮藏空间应满足类别和数量的要求,每一项基本功能空间都有相应的贮藏空间,或是由建筑墙体砌筑的专用贮藏室,或是用块体活动隔断围合而成;或是用来配置用以贮藏物品的家具。

(3)隐蔽。贮藏空间位置要隐蔽,不宜外露,避免空间凌乱,影响观瞻。

(4)不准破坏原有规划设计的格局,不得随意在室外临时搭建贮藏间。

(二)贮藏间分类、分项

按贮藏间的种类、要求和所服务的对象,将贮藏间分为两项十类,两项为基本贮藏空间和附加贮藏空间。基本贮藏空间是各种不同户类型所共有的,而附加贮藏空间一般是不同户类型所特有的。贮藏空间的分类分项见表3-7。

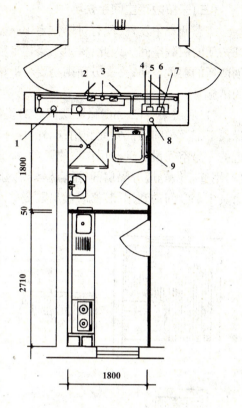

图3-19 管道综合设计示意
1—硬塑料排水立管;2—分户水表;
3—硬塑料给水立管;4—配电箱;
5—电度表;6—照明及插座支路;
7—空调支路;8—竖向电源线;
9—三用排水器

贮藏空间的分类分项　　　　　　　　表3-7

类别	(一)基本贮藏空间						(二)附加贮藏空间			
项目	被服细软贮藏	外出用品贮藏	食品餐具贮藏	燃料贮藏(过渡型)	杂物贮藏	车库	粮食种子贮藏	蔬菜水果贮藏	小型农具设备贮藏	仓库	车库
贮藏物品名称	被服鞋帽床上用品首饰化妆品	雨衣雨鞋及其它雨具大衣棉帽等	成品及半成品食品碗筷杯	煤或碳	家务劳动用品	小汽车	米面及粮食瓜果种子	过冬菜蔬过冬瓜果	锄、耙、镐、铲农药喷雾器	专业户各种产品,商业户各类商品	运输车
所在位置	卧室就近	门厅	厨房、餐厅就近	厨房就近(底层)	过道楼梯间	底层	底层	底层或地下	底层	底层店铺或作坊附近	底层

注:小康住宅一般应做到燃气化,但在一时不能供气的特定条件下,可暂时配置过渡型的煤碳一类的燃料贮藏。

(三)开拓贮藏空间手法种种

实态调查中发现,现有村镇住宅中一是空间浪费严重;二是未能利用建筑物的有利部位开拓新的贮藏空间。因此,村镇小康住宅贮藏空间设计优化,主要着眼于一方面挖掘潜力,创造新的贮藏空间;另一方面则是要将那些零散的消极空间充分利用,扩大贮藏面积。具体的措施是:

(1)底层架空(2.2m)做贮藏间;(2)提高基座(1.2m室内外高差)做贮藏空间;(3)底层梯段下部及梯间顶部空间利用;(4)阁楼作为贮藏空间;(5)利用管井、通风道及其它设备就近的零星空间设置壁橱用作杂物贮藏;(6)按使用要求及尺度设计专设衣柜间、专设贮藏间;(7)用壁柜做隔墙分隔房间(适合框架结构);(8)过道人行高度以上的空间用作吊柜,窗台及家具下部空间的利用(装修时做出贮藏空间),等等(图3-20)。

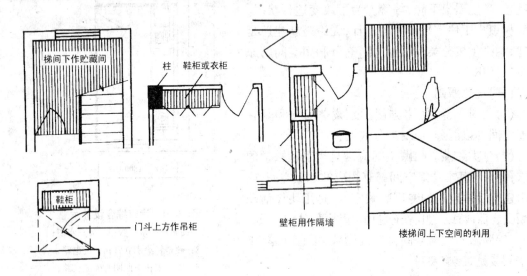

图3-20 开拓储藏空间手法举例

四、卧室

现状村镇住宅卧室的功能较为混乱,一些本应属于起居社交的活动甚至是家务劳动亦混杂其中,而有的卧室则长期闲置,空间既未得到充分利用,又影响了生活质量。因此,村镇住宅卧室的优化,首要的一点就是明确卧室的功能,且应做到生理分室,做到各种类型的卧室有其相应的特点,以满足不同使用者的要求。

(一)主卧室

面积在12~18m²之间较为合适。有专用卫生间,专用壁柜贮存衣物,应有好的朝向。庭院式住宅的主卧,宜布置在二层,单元式住宅的主卧,则布置在住套的尽端为好(图3-21)。

(二)老人卧室

家庭养老、多代同堂,是村镇家庭的一大特点,因此,在三代、四代同堂的住户中必须设置老人卧室。老人卧室最好在一层,朝南,阳光充足,有利老人的健康。老人卧室还应邻近出入口使之出入方便,利于交往。此外,尚应设专用卫生间,适合老年人使用。

老人卧室面积13~15m²即可(不包括专用卫生间)。应为圆角低矮家俱,保持传统的

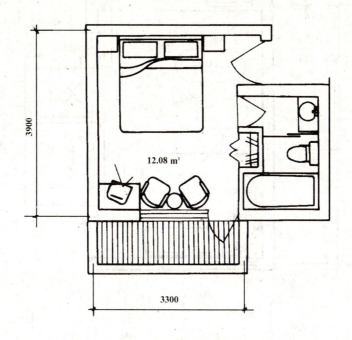

图 3-21 主卧室布置举例

为老人喜闻乐见的风格。老人卧室还应靠近客厅(起居室),以利老人看到厅堂,便于来到厅堂和家人或来客聊天,去除孤独感。为尊重老人传统生活习惯,在严寒地区,最好视具体条件采用火炕或作成仿火炕形式(暖气片搁置其下)的床铺,以满足老年人的需要。

五、起居厅与客厅

客厅与起居厅各自的功能是不同的。客厅(即堂屋)对外,起居厅对内。凡邻里社交、来访宾客、婚寿庆典、供神敬祖等活动均应纳入客厅的使用功能;而起居厅仅供家人团聚休息、交谈和看电视之用。在村镇单元式住宅中,起居厅和客厅一般是合一的,而在庭院式住宅中,二者一般分离,客厅在一层,起居厅在二层,少数也有两者合一,设在一层的。

(一)起居厅、客厅合一布置

这种合二为一的厅,其功能包括:(1)家庭成员团聚、起居;(2)接待亲朋来客;(3)看电视、听音响等娱乐活动;(4)庆典宴请;(5)供神敬祖。其使用面积一般要求20~30m²,可相对分为会客区、娱乐区、祭祀区等。由于村镇居民有在家中宴请亲朋的习惯,故起居厅的面积要求较大,最好与餐厅毗连隔而不断,厅内家具可移动,可与餐厅一起连成大空间。由于家人起居、团聚一般和会客不同时进行,故可不设家人团聚起居区,利用会客区即可。两厅合一,其面积稍大一些为好。

鉴于敬祖供神是村镇的一大特点,故在堂屋(客厅)要专门辟出空间供放祖宗牌位或遗像、骨灰盒之用的"神龛",供家人缅怀祭祀,称之为祭祀区(中国大部分村镇有此传统、部分村镇此传统已有些弱化),此亦系客厅、起居厅不可分割的重要组成部分(图3-22)。

(二)客厅、起居厅独立布置

起居厅一般布置在二层,功能较单一,专为家人起居团聚和看电视而设,面积为15~

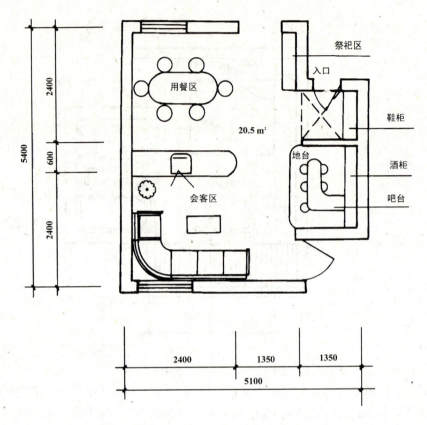

图 3-22 客厅、餐厅、祭祀区等大空间布局举例

18m² 即可,由于活动频繁,利用率高,故朝向要好,厅内空间要相对完整,切忌搞成四角(或四面)开门的过厅,以确保起居空间的有效使用。客厅布置在一层,基本功能如前所述以接待宾朋、祭祀宴请为主,此外尚可兼做家人起居之用。

在一些民俗传统意识较浓的地方,堂屋世袭的内涵特征(如中堂正座对称布置,当中设壁龛,供设财神、佛像或祖宗牌位等)符合当地村镇居民的风俗习惯,可予保留。

六、门厅

村镇住宅设门厅的不多,进门直接是堂屋、起居厅,没有空间的过渡。按照合理的、文明的居住行为,应设门厅(斗),作为户内外的过渡空间,在此换鞋、更衣、脱帽以及存放雨具、大衣等,同时还起到屏障及缓冲的使用。

门厅的面积以 3～5m² 较为合适。其地面做法应以容易打扫、清洗、且耐磨为原则。门厅最好单独设置,或是大空间中的相对独立的一部分。鞋架(柜)、大衣柜和雨具柜应统一考虑,最好为一个整体,且顺应进出流线(图 3-23)。

七、餐厅

由于受传统的不文明生活方式和经济水平的制约,80 年代前建设的村镇住宅,一般不设单独的餐厅,起居厅(堂屋)或卧室同时起着餐厅的作用。80 年代以来,发达地区的村镇住宅就餐空间已开始独立设置。考虑到不同住户的不同习俗和不同需求,经调查研究,推出

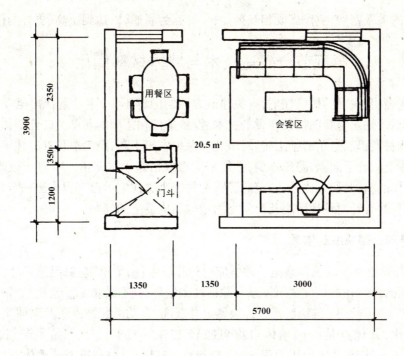

图 3-23 门厅、客厅、餐厅布局举例

如下几种优化布局方案。

(1)独立设置的餐厅。面积一般较大($8\sim15m^2$),可供 6~10 人用餐,应和厨房、起居厅(客厅)联系紧密,要求功能明确、单一,但必要时有与客厅连通使用的可能。此种独立式餐厅,多为垂直分户及独户式住宅采用(图 3-24)。

(2)就餐空间和起居厅(客厅)是一个大空间,前者相对独立,两者可分可合,灵活性强,有利于多人用餐或举办其他活动时所需大空间的形成(图 3-23)。

(3)在厨房一隅设小餐桌供特殊情况下单独就餐之用。这是一种辅助就餐位,较随意、方便。这在垂直分户及水平分户的单元式住宅中均可采用。

(4)设酒吧餐饮区。经济发达地区的面积餐厅可大些,约为 12~$20m^2$,酒吧包括在内,经济条件较好的独户式住宅采用此种餐厅者为多(参见图 3-22)。

起居厅(客厅)、餐

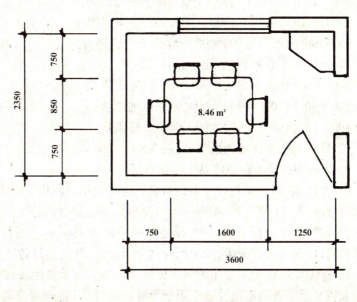

图 3-24 独立餐厅举例

厅、过厅三者的关系密切,应作到既相互独立,又可互为联通,以达到更高、更好的使用效果。

第五节 建造技术与墙体材料优化

实态调查表明,我国的村镇住宅,有关建造方面的问题不少,主要是:(1)至今仍大量沿用砖混结构模式,缺乏与我国村镇建设的技术、设备条件相适应的非粘土砖建筑体系;(2)绝大多数的墙体材料仍然是用的粘土砖,对节地和保护农田不利,急需取代;(3)住宅建筑存在着结构和构造上的若干问题,隐患不少,必须采取有效措施予以防治。本着积极改革、稳妥可靠,利于运作的精神,经过比较研究和筛选,为村镇小康住宅示范工程推出一个建筑体系,几种墙体材料,并有针对性地解决几个常见的结构和构造上的问题。

一、3Z新型混凝土砌块建筑体系

3Z新型混凝土砌块建筑体系是一种适应村镇建设条件,集承重、保温隔热、防渗漏和装饰美于一身的砖混结构的最佳建筑体系。除标准砌块外,尚有装饰承重砌块、装饰砌块和保温空心砌块三大系列。3Z砌块已通过部级鉴定并获准"多功能装饰砌块及砌体实用新型专利"。与砖墙比,其优点是:(1)墙体自重可减轻12%～15%;(2)产品生产能耗可减少20%～40%;(3)可增大住宅使用面积5%;(4)与粘土砖墙化,每砌筑1m³墙体,可减少取砖挂灰的劳动量90%;(5)便于就地取材及利用工业废料,从而降低产品成本。(6)节约燃料,不破坏农田;(7)砌块的质感和色泽多样,有利于建筑美观。

1. 砌块尺寸系列及建筑物开间进深参数系列

(1)砌块尺寸(长×宽×高)系列:

1)装饰承重或承重砌块90系列(单位:mm):

390×190×190　　390×190×90——主砌块;
290×190×190　　290×190×90——辅砌块;
190×190×190　　190×190×90——辅砌块;
90×190×190　　90×90×90——辅砌块。

2)装饰砌块90系列(单位:mm):

390×90×190　　390×90×90——主砌块;
290×90×190　　290×90×90——辅砌块;
190×90×190　　190×90×90——辅砌块。

(2)建筑开间进深参数系列,见表3-8。

2.3Z新型混凝土砌块体系主要技术规定

(1)上述3Z新型砌块尺寸系列符合我国建筑平面网格3M及竖向网格1M的规定。若平面网格改用2M,则可减少砌块的产品规格,方便设计和施工。

(2)建筑物高度低于15m时,承重墙厚一律为190mm。通过在墙体转角、相交、开口部位设置蕊柱,每层设置圈梁,以及配咬网片等措施,其抗震设防烈度可达6～8度。

(3)保温空心砌块主要用于屋顶保温、隔热;装饰承重砌块与内保温墙板复合;装饰砌块与保温板及承重普通砌块复合应用于寒冷地区外墙;装饰砌块与承重普通砌块复合应用于夏热冬冷地区外墙。

建筑开间进深参数系列　　　　表 3-8

参数 序号 \ 名称	开间	进深	说　明
1	6.6m	5.1m	综合结构上的安全要求和建筑上方便使用要求,高限取值为 6.6m、5.1m,低限取值为 6.0m、4.5m
2	6.3m	4.8m	
3	6.0m	4.5m	

(4)基于不同色泽水泥及砂石的选配,通过生产过程中的劈裂、浮雕等多种表面处理,可生产出数十种色泽和质感各异的砌块产品,这就为创造丰富多彩的建筑美提供了有效的手段和条件。

3.3Z 新型混凝土砌块体系平面网格大参数住宅方案示例(图 3-25)方案(a)～(f)具有与框架结构同样的灵活性和可变性。

二、采用几种节地节能适于村镇住宅建设的墙体材料

立足于保护耕地,就地取材,不用或少用粘土砖(囿于我国乡村具体条件,在相当长的一个时期内要完全取消粘土砖是不可能的),尽可能采用混凝土、工业废料和植物纤维作为墙体材料;立足于减少建筑材料生产过程中的能耗;立足于降低墙体自重和提高墙体的保温隔热性能,以及立足于减少建筑材料生产过程中的能耗,现推荐如下几种适合于村镇住宅建设的墙体材料。

(一)模数粘土多孔砖

模数粘土多孔砖也称模数多孔砖,砖型尺寸模数化。其优点是:节省原料土 25% 以上;保温隔热、隔声性能好;减轻墙体自重有利抗震;与建筑模数协调一致,施工中不砍砖调缝,有利于合理选择墙厚及提高劳动效率;减少砌筑砂浆 6%～8%。模数多孔砖有承重和非承重两种:

1. 承重粘土空心砖

主要用作承重墙。砖的外形为直角六面体,有 190mm×190mm×90mm 和 240mm×115mm×90mm 两种规格,适用于多层建筑的内外承重墙体,亦可用作高层框架建筑的填充墙和隔墙。

2. 非承重粘土空心砖

主要用作非承重部位的空心砖墙。一般为水平孔空心砖,砖的外形为直角六面体,有 290mm×190mm×140(90)mm 和 240mm×180mm×115mm 两种规格。这种砖孔数少,孔径大,孔洞率高,自重轻。一般多用于多层建筑的非承重隔墙、外墙和框架结构的填充墙。

(二)硅酸盐砖

系用砂子或工业废料(如粉煤灰、煤渣、矿渣等)配以少量石灰与石膏,经拌制、成型、蒸汽(常压或高压)养护而成。

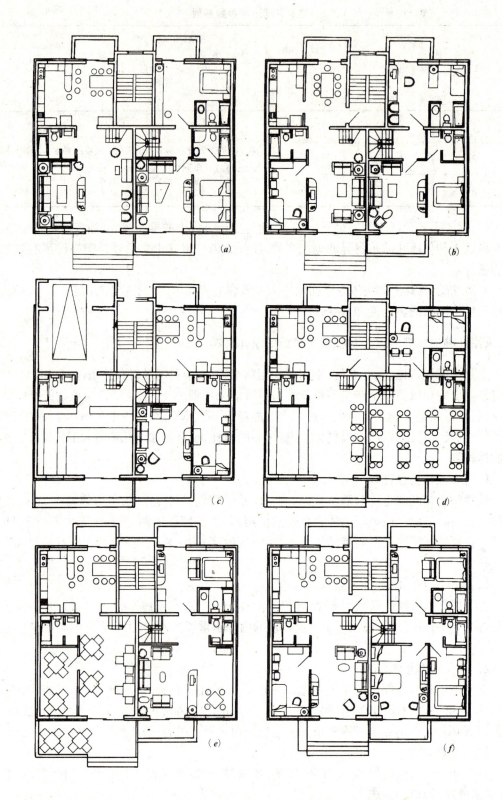

图 3-25 3Z 新型混凝土砌块体系住宅方案灵活可变性举例

1. 蒸养灰砂砖

砖的外形为矩形体,规格为 240mm×115mm×53mm。砖体组织致密,具有强度大、大气稳定性好、干缩率小、尺寸偏差少、外形光滑平整等特性,如配入稍许矿物颜料,则可制成各种颜色砖,有较好装饰效果。有用作承重外墙和非承重隔墙。

2. 蒸养粉煤灰砖

粉煤灰砖是以由煤粉炉烟道气体中收集的粉煤灰为主要原料,配以适量的石灰、石膏(也可加入一定比例的炉渣或砂作集料),加水经混合搅拌、陈化、轮碾、成型、高压蒸汽养护而成。规格为 240mm×115mm×53mm。可用作承重墙和非承重隔墙。

3. 蒸养煤渣砖

主要砖型尺寸为 240mm×115mm×53mm,具有和普通粘土砖相近的物理力学性能,其各项技术性能指标均能满足一般墙体材料的要求,可代替粘土砖使用于一般工业与民用建筑的墙体与基础。

(三)混凝土砌块

混凝土砌块是一种用混凝土制成,外形主要为直角六面体的建筑制品,主要用于建造房屋,也可用于围墙和铺设路面等,用途广泛。

1. 普通混凝土空心砌块

是以普通砂石或重矿渣为粗细集料配制成的普通混凝土、空心率大于或等于 25% 的小型空心砌块。主规格尺寸为 390mm×190mm×190mm,主要适用于各种公用或民用住宅建筑以及工业厂房、仓库和农村建筑的内外墙体。

2. 轻集料混凝土空心砌块

此系轻质混凝土小砌块。其原料为陶粒、膨胀珍珠岩、浮石、火山渣、煤渣、自然煤矸石等各种轻粗、细集料和水泥,空心率大于 25%,主规格尺寸为 390mm×190mm×190mm。轻质高强,是取代普通粘土砖的最有发展前途的一种墙体材料。既可用于工业与民用建筑的外墙,也可用于承重的或非承重的内墙。

(四)植物纤维板

系以植物纤维为原料,经原料破碎、筛选处理、拌胶(或水泥)、热压成型(或常温加压成型)等工艺制成的板材。板材规格尺寸可根据需要确定。按其密度不同,有软质、半硬质和硬质纤维板之分。软质纤维板主要用于保温吸声;硬质纤维板则可用作芯材、底板、装饰板、外墙板等。

1. 稻草(麦秸)板

此系一种轻质建筑板材。以稻草(麦秸)、树脂胶为主要原料,经原料处理、热压成型、表面再包覆一种特制硬纸制成。可用作吊顶顶棚板、内隔墙、砖外墙内衬、工业厂房屋顶的望板;作防水处理后,可用于多层非承重外墙、单层承重外墙及屋面板。产品规格长度 1000~4000mm,宽 1200mm,厚 58mm。

2. 稻壳板

系以稻壳为原料,经辊轧破碎、筛分处理后,以合成树脂喷胶混合成型、热压、固化和切裁而成的轻质板材。产品规格为 2440mm×1220mm,厚度 6~35mm。可适用于一般建筑的内隔墙、顶棚板、门芯板、壁橱板及家具等。

3. 麻屑板

比亚麻杆茎植物纤维为原料,用合成树脂作胶结料,加入防水剂、固定剂,经破碎、混合、铺装、热压、裁切等工序制成的建筑平板。规格为 2000mm×1000mm,厚度 6～16mm。麻屑板可用于一般建筑的内隔墙、顶棚板、门芯板、装饰板及保温、隔热、吸音围护结构。

三、解决村镇住宅结构和构造上常见的几个问题

提高建筑结构和建筑构造的质量,保障居住安全,实现建造技术上的优化,这也是村镇住宅建筑设计优化的一个组成部分。出于一些具体条件的限制,立足于需要和可能的双重原则,根据实态调查中所了解到的村镇住宅建造技术上较为普遍的弊病,就此提出结构和构造上常见的若干问题,简述其成因,并有针对性地提出解决问题的具体方法。

1. 墙体裂缝

由于软土地基、孔洞墓穴等未加妥善处理而造成建筑不均匀下沉,致使墙体产生裂缝,其防治措施有:

(1)合理设置沉降缝。对长度过大,平面形状复杂,高差悬殊(包括部分设地下室)的房屋,均应从基础开始即分成若干部分,设置沉降缝,防止裂缝产生。

(2)加大上部结构的刚度。若上部结构刚度较大,则可适当调整地基的不均匀下沉。具体措施是,在基础顶部(±0.00 处)及各楼层门窗洞口上部设置圈梁,借以提高墙体的抗剪强度,防止开裂。

(3)做好地基处理。若地基情况复杂,在建筑物基槽开挖后,应通过钎探查出其软弱部位,并做相应的加固处理,然后再进行基础施工。

(4)在无基础梁的(单层)建筑的宽大窗口下部宜设钢筋混凝土梁或砌反砖碹,用以控制因窗台反梁作用而产生的变形,从而防止窗台处产生竖向裂缝。

2. 管道穿墙(底板)部位漏水

穿墙(底板)部位管道周围混凝土振捣不密实或因墙体下沉以及热力管道穿墙部位构造处理不当,致使管道在温差作用下因往返伸缩变形与墙体脱离,因而产生裂缝漏水。其防治措施有:

(1)将穿墙部位预埋管道固定牢靠,并将其周围的混凝土振捣密实。

(2)若管道所穿墙体为砖混结构条形基础,有可能局部下沉时,则宜采用套管(比穿墙管径大 10cm),其间充塞石棉、水泥或麻刀灰,以适应其些微变形,防止剪裂。

3. 预制梁板在承重墙上的搁置长度不够且与墙体无固定措施

由于预制构件在承重墙上搁置的长度不够,致使板端压力对墙体产生偏心,局部压力过于集中往往造成构件表面混凝土酥裂或砖墙顶面破碎,从而造成坍塌事故。其防治措施是:预制梁板等构件搁置于承重墙上的长度应≥10cm,若在震区,则预制构件尚应与墙固定连接。

4. 现浇单向楼板或屋面板的主筋与分布筋位置颠倒,造成楼板或屋面板断裂

由于主筋在支座处仍配置在梁板底部受压区致使端部拉裂,其防治措施是:绑扎现浇梁板的钢筋时,一定要认真做到跨中主筋在下,分布筋在上,支座处系负弯矩,主钢筋应按 45°角斜翻至支座上部,主筋在上,分布筋在下。

5. 悬挑构件(挑梁雨篷及阳台)常见的问题

受拉主筋没有准确地放在悬挑构件上部受拉(弯)区,搁置于墙体内的长度不够或其上

部压重不足而造成断裂倾翻或倒塌。措施:悬挑构件承受的是负弯矩,其上部受拉,下部受压,故钢筋应位于上部受拉区,主筋在上,分布筋在下,且主筋应延伸至主梁底;悬挑件伸入墙内的长度应为悬挑长度的1.5~2倍;为保证安全,悬挑件上部的压重一定经过严格计算,其反倾覆力矩必须大于等于倾覆力矩的2倍。

第六节　建筑节能优化

和其他建筑一样,住宅建筑的节能亦不外乎是从建筑物自身、供热(或制冷)系统和管理三个方面采取措施进行调控的。第一个方面包括建筑物的体形系数、朝向,外围护结构的保温隔热,窗墙面积比以及外门窗的气密性等。第二个方面则包括室内采暖空调系统合理设置,管道线路长短及其保温隔热措施不同所产生的能耗等内容。第三个方面则包括供暖(送冷)方式及计费方式。现就上述几个方面分述如下。

一、合理控制建筑物的体形系数

显然,在其他条件相同情况下,建筑物耗热量指标,应当随体形系数的增长而增长。为有利节能起见,在保证适用的前提下,体形系数应尽可能小些,近年来由于要求住宅建筑形式多样化和房间尽量多争取通风采光口等原因,建筑物体形变得越来越复杂,这是不利于节能的。因此在进行住宅的平面和空间设计时,应全面考虑,综合平衡,合理掌握住宅建筑的体形系数。其数值一般不宜超过0.30,对于体形系数超过0.30的住宅建筑,应对其外墙和屋顶加强保温措施,以便将建筑物耗热量指标控制在规定额度以下,达到总体上实现节能50%的目标。

$$建筑物体形系数 = \frac{建筑物与室外大气接触的围护结构面积\ F}{上述外围护结构所包围的体积\ V_0}$$

注:面积中不包括地面面积和不采暖楼梯间隔墙面积与户门面积。

二、合理选择建筑物的朝向

建筑物朝向对太阳辐射得热量和空气渗透耗热量都有影响,在其他条件相同情况下,东西向多层住宅建筑的传热耗热量要比南北向的高5%左右,若建筑物主立面朝向冬季主导风向,会使空气渗透耗热量增加。村镇住区的建筑层数及容积率均比城市为低,上述影响定比城市更为显著。因此,在兼顾其他因素的同时,应力争把建筑物南北向布置。若由于条件限制设有空调的房间不得不布置在东西向时,其窗户应采用热反射玻璃,且外墙面宜采用浅色饰面。

三、合理确定窗墙面积比

由于玻璃的热传导系数大,无论就采暖还是空调来说,均应严格控制窗墙的面积比。不同朝向的窗墙面积比不应超过表3-9规定的数值。

若窗墙面积比超过表3-9规定的数值,则应调整外墙和屋顶等围护结构的传热系数,使建筑物耗热量指标达到规定要求。

窗墙面积比　　　　　　　　　表3-9

朝　　向	窗墙面积比
北	0.25
东　　西	0.30
南	0.30

四、确保外围护结构的热工性能

多年的实践证明,并在本次实态调查中得到验证:外墙保温采用单一材料的墙体难度很大,发展方向应是高效保温节能的外保温墙体。外保温墙体由主体墙、高效保温隔热层和耐候饰面层三部分组成。迄今技术上比较成熟,且适应于村镇住宅建设的主体墙墙体材料有:(1)小型混凝土空心砌块;(2)模数多孔砖;(3)加气混凝土砌块;(4)非蒸养粉煤灰空心砌块。上述几种墙体材料,均因材质自身或砖块内的孔洞加大了热阻值,因而有效地提高了保温隔热性能。

技术上比较成熟,亦便于村镇住宅建设应用的外保温材料有:(1)纤维增强聚苯或水泥聚苯板;(2)钢丝网水泥岩棉板;(3)钢丝网水泥聚苯板。以上述四种主体墙墙体为依托,外侧贴聚苯岩棉等高效保温材料,最外层贴增强耐候饰面层,节能效果最佳。技术上比较成熟,且适应于村镇住宅建设的屋面保温材料有防水珍珠岩保温块,其块型设计新颖,带排气孔,表观密度轻,不含水,憎水率高,强度高,施工方便,冷作业,不污染环境,保温性能好,9cm厚的防水珍珠岩屋面保温块则相当于25cm厚的加气混凝土块的保温性能。

五、提高外门窗的气密性

通过门窗缝隙的空气渗透耗热量,约占建筑物耗热总量的23%~27%,若加上门窗面积的传热耗热量,则约占全部耗热量的50%。由此可见,外门窗是耗热的重要渠道,是节能的重点部位。多年来村镇住宅所采用的钢、木门窗,气密性较差,窗户每米缝长的空气渗透量,单层窗一般为5.0m³/m·h以上,双层钢窗一般都在3.5m³/m·h,但近年有所改善,各种保温节能门窗已有批量生产。因此,在节能建筑中采用气密性较好的门窗,是不难做到的。村镇住宅一般为低层和多层,气密性定为国标Ⅲ级,即每小时每米缝长的空气渗透量≤2.5m³,节能优化设计,应照此标准执行。

六、从采暖空调系统及供暖送冷方式上节能

至今住宅建筑采暖上仍然存在"大马拉小车"低能高耗的现象,效率很低,能效仅为发达国家的1/4~1/5;系统垂直和水平失调,造成各房间冷热不均以及管网热损失大等等,立足于村镇住宅建筑规划设计节能这一出发点来考虑。可采取如下两个措施:

(1)室内采暖系统按南北朝向分开环路设置。特别是北方高纬度地区,冬至日前后太阳高度角很小,南墙吸收太阳辐射热量大,室内温度高;北墙由于基本上见不到阳光,故室内温度低,南北房间温差甚大。因此,供暖系统按南北朝向分开环路设置,不仅有利于系统的调节与平衡,更便于朝向附加系数的修正,是节能的有效措施之一。

(2)因地、因条件制宜地确定供热管道敷设方式及保温措施。对于一、二次热水管网应

采取经济合理的敷设方式。即庭院管网和二次网，宜采用直埋管敷设；一次管网，当管径较大且地下水位不高时，可采用地沟敷设，采暖供热管道保温材料，可根据因条件制宜和就近的原则，分别选用矿棉管壳、玻璃棉管壳以及聚氨酯硬质泡沫保温管(直埋管)等三种保温管壳，其保温层厚度按《设备和管道保温设计导则》(GB8175)执行。这样，就能大大减少管道输热过程中的热损失。

七、改善管理方法

（1）要实行按户热表计量和分室温度控制，即从按采暖面积计费逐步过渡到按用热量计费。我国自己研制开发的平衡阀可以有效地保证管网静态水力及热力平衡，已经消除了小区中个别住宅楼室温过低或过高的弊病；但分室温度控制所需的散热器恒温阀，还有热量分配表及热(量)表(即智能型采暖系统量化仪表)，现尚在开发研制和完善中，至于供暖系统中由定水量转换为变水量所产生的新问题，也要悉心研究、妥善处理。唯有这些问题都得到解决，真正按户热表计量和分室温度控制，那才能达到节能的目的。

（2）采用连续供暖辅以间歇调节的运行制度。间歇调节可改变锅炉低负荷不合理运行。提倡采用严寒期24h连续供暖，初寒期、末寒期则采用连续供暖和辅以间歇调节的既保温又节煤的住宅合理供暖制度，这也是节能的一项有效措施。

第四章 村镇小康住宅示范小区规划设计评价标准

一、评价内容及方法

《村镇小康住宅示范小区规划设计评价标准》(以下简称〈标准〉)的评价内容包括规划设计、住宅设计与科技含量三大方面。

村镇小康住宅示范小区规划设计的评审,一般先由被评单位按照《标准》的评价指标体系及有关文件的要求,进行自我评价,并将自评报告上报评审的主管部门。主管部门根据情况组织专家组赴工程现场进行考察与评价,并与被评单位交换意见。专家组根据现场考察与评价的结果,向主管单位提出报告,并提出评定等级。经过一定时间的质疑期后,主管单位根据专家组的报告,正式做出评价结论。评价结果分为综合评价和单项评价两大项,等级分为优秀、合格与不合格。

二、建立评价指标体系的基本原则

为促进我国村镇小康住宅示范小区的建设,提高其规划、设计水平,达到既满足人们的物质文化生活的需要,为村镇居民提供功能完善、设施齐全、舒适优美、高度文明的居住小区及小康住宅,又能起到节地、节能、节材,促进建筑产业发展,加速城乡一体化建设的目的,特建立"村镇小康住宅示范小区规划设计评价指标体系",其遵循的基本原则如下:

1. 本指标体系适用于村镇小康住宅示范小区规划设计的评审、评比与验收,因此,指标的设置与标准的确定,均以《村镇小康住宅规划设计导则》为依据,并力求充分体现和反映"村镇小康住宅规划设计优化"的原则与内涵,既立足综合优选,保证指标体系的整体性,又注意抓主要方面,分清主次,把握住问题的实质。

2. 采取定性与定量相结合的等级标准及模糊判断的评价方法,力争较准确、较完整地反映小康住宅示范小区规划设计的水平。各评价项目不是用简单的量化方法,而是采用等级评定法,即每一项指标都采用A、B、C、D四个等级,使大家不仅对小区的整体状况有一个全面的了解,而且对某一方面处于什么水平也都比较清楚。

3. 本指标体系及其所设定的要素及项目基本上涵盖了小区规划和住宅设计的全部内容且简明扼要,具有较强的可操作性。本指标体系的宗旨就是提高村镇居民的居住生活质量,指导村镇小区的规划建设,引导我国村镇建设沿着正确的方向发展,以便早日探索出一套适于我国经济发展水平及村镇居民生活特点的住区和住宅的形态模式。

4. 本指标体系的各项评价标准主要反映各示范小区的共同特性,以便使得不同示范小区的评价结果可以进行科学的比较。同时,为保证评价结果的公正性与合理性,在整个指标体系中,各项指标既紧密联系,彼此衔接,主次分明,又相互独立,力争避免各项指标内容的等同与彼此包含的弊端。

根据以上原则建立的指标体系,共分为三个层次:主要评价方面——评价要素——评价项目。总计3个评价方面、14个评价要素、33个评价项目。权重系数的大小具有较强的导向性,它不仅直接影响评价结果,而且对村镇小区的发展方向具有较大的影响。该《标准》对权重系数的确定,参考了建设部城市住宅小区建设试点综合评价以及有关住宅示范小区综合成果验收量化指标体系等内容,并广泛征求了有关专家、教授的意见后确定的。当然,其结果还需结合有组织的试点工程作进一步检验和修正。

三、指标体系的主要特色

1. 本指标体系中的评价标准只给出A级与C级标准,介于A、C级之间的为B级,低于C级为D级,操作简易可行。

2. 评价结果采用等级状态方程进行输出,且规定在指标体系中权重系数大于或等于4.0的项目为核心项目,通过最后对评定标准的界定,突出和反映了不同示范小区的特色,更好地发挥其导向作用。

3. 采用等级状态方程输出评价结果,还有利于发现不同试点小区的特点与优势,即便是对综合评价结果不理想的小区,其某一单项的优势仍然会得到显现。

4. 本指标体系除用于综合评优外,还可对规划设计、住宅设计及科技含量等进行分项评优。

四、村镇小康住宅示范小区规划设计评价指标体系

一般说来,按规划设计的程序、村镇住宅小区建设的场址,系由总体规划确定的。村镇小康住宅示范小区的建设,仅可从已确定的住宅规划用地中挑选,而无自行选址的权力,因此本评价指标体系未将"选址"一项列入。

主要评价方面	评价要素	评价项目	权重系数	编号
规划设计 ($M_1 = 45$)	规划政策导向	规划政策导向	4.0	M101
	规划布局	群体空间组织	3.5	M102
		功能结构	6.5	M103
	道路交通	道路系统的合理性及其与地形的结合	4.5	M104
		道路线型宽度与断面	1.5	M105
		停车场所布置与数量	2.0	M106
	环境质量	卫生要求	1.5	M107
		绿化景观	4.5	M108
		交往空间	2.0	M109
	配套设施	基础(环卫)设施	4.0	M110
		公建配置	2.5	M111
		物业管理	1.5	M112
	节约用地	用地选择	3.0	M113
		节地措施及成效	4.0	M114

		观测点	权重	编号
住宅设计 ($M_2=45$)	功能与空间	功能布局	5.5	M201
		基本功能空间的组合与利用	4.5	M202
		附加功能空间	2.5	M203
		朝向	1.5	M204
	设施设备	厨卫设施	4.5	M205
		设备配置	2.5	M206
	节能	保温、隔热	3.0	M207
		节水、电、气	1.5	M208
	物理性能	采光	2.5	M209
		通风	2.0	M210
		隔声	1.5	M211
	安全性	安全措施	4.0	M212
		结构	2.0	M213
	技术指标	面积指标	3.0	M214
		层高与面宽	2.0	M215
	建筑造型	地方特色与创新个性	2.5	M216
科技含量 ($M_3=10$)	四新技术	新技术(新的结构形式)	3.0	M301
		新材料	4.0	M302
		新产品、新工艺	3.0	M303

五、村镇小康住宅示范小区规划设计评价等级标准

(一)小区规划设计($M_1=45$)(表 4-1)

村镇小康住宅示范小区规划设计评价等级标准　　　　表 4-1

要素	项目	观测点 A 级标准	观测点 C 级标准	权重系数	评价等级 A B C D	编号
政策导向	政策导向	·住栋形式以多层住宅为主,或以多层住宅与低层联排住宅为主 ·建设方式:统一规划设计,统一建设,统一管理 ·体现地方特色,现状利用充分,可持续发展,小区有一定的规模	·住栋形式以低层联立住宅为主,基本无独立式 ·建设方式:统一规划设计,自建住宅,统一管理 ·基本上利用了现状,考虑到了体现地方特色	4.0		M101
规划布局	群体空间组织	·群体空间组织轮廓丰富,统一中有变化 ·结合居民行为活动特点与地形特征,为其提供交往的室外空间场所 ·空间尺度宜人,村镇生活气息浓郁,特别体现当地的居住文脉和地方特色 ·符合防火、抗震规范,有明确的出入口,便于防盗、治安、疏散和救灾,避免视线干扰	·群体空间组织基本合理 ·能够结合居民活动特征与地形特点,提供一定的室外交往空间 ·空间尺度基本符合居民室外活动需求与村镇生活特征 ·符合防火、抗震规范,有较明确的出入口,基本避免视线干扰	3.5		M102
	功能结构布局	·功能齐全,分区明确,层次清晰,主次出入口选择得当,和周围环境有机结合,利于辅助一、二、三产业的发展 ·构思新颖,体现地方特色,形成一个完整的相对独立的有机整体 ·充分保护和合理运用区内的水体植被、建筑、道路,并将其纳入规划,使之成为规划的有机组成部分 ·形成既有传统乡土建筑文化特色,又满足现代居住需求的新型居住形态模式	·功能分区基本明确,考虑到周围的环境因素 ·构思能够体现地方特色,形成相对独立的有机整体 ·较好地运用区内的水体、植被、建筑、道路 ·具有一定的传统乡土建筑文化特色	6.5		M103

续表

要素	项目	观测点 A级标准	观测点 C级标准	权重系数	评价等级 A B C D	编号
道路交通	道路系统的合理性及其与地形的结合	·区内道路应与区外道路有机衔接,符合当地居民的出行轨迹,通而不畅 ·道路系统骨架清晰,分级简单明确,功能合理,有利于各类用地的划分和有机联系 ·道路布局与自然地形、地貌相结合,节约土方,合理利用原有道路,体现地方特色 ·人流、车流组织合理,通行安全,避免往返迂回,满足残疾人无障碍出行的要求	·道路尚能符合当地居民的出行轨迹 ·道路系统较清晰,分级基本明确 ·道路布局基本能与自然地形相结合 ·人流、车流组织基本合理,基本无往返迂回,基本满足残疾人无障碍出行的要求	4.5		M104
	道路线型宽度与断面	·线型符合村镇道路规范,各级道路、路面宽度,断面型式满足功能要求,并利于地下管线的埋设	·线型基本符合村镇道路规范	1.5		M105
	停车布置与数量	·停车场地布置合理,停车位充足,居民使用方便 ·停车场地与绿地、建筑等结合恰当,潜空间得到利用,管理方便 ·农用车辆单独集中停放	·停车场地布置基本合理,停车位基本满足,居民使用较为方便 ·管理基本还算方便	2.0		M106
环境质量	卫生要求	·日照标准大于当地标准,良好朝向的住宅建筑面积大于85% ·建筑密度小于《村镇示范小区规划设计导则》的规定 ·有良好的卫生保障措施	·日照标准＝当地标准,良好朝向的住宅建筑面积大于60% ·建筑密度符合《村镇示范小区规划设计导则》的规定 ·有较好的卫生保障措施	1.5		M107
	绿化景观	·区内具有统一、和谐的整体空间环境景观,景观路线丰富宜人,节点突出,步移景异 ·"人、建筑、道路、广场、院落、绿地和小品"的相互关系处理得当 ·空间环境景观充分体现浓郁的地方特色 ·形成完整的绿地系统,绿地率≥35%,人均公共绿地大于《村镇示范小区规划设计导则》的规定 ·能很好地利用原有树木、植被,植物选择与配置既考虑乡土树种经济收益型品种,又能创造丰富的植物景观	·区内的整体空间环境景观较好 ·较能体现地方特色 ·绿地率≥30%,人均公共绿地符合《村镇示范小区规划设计导则》的规定 ·考虑到原有树木、植被的利用,能创造出一定的植物景观	4.5		M108
	交往空间	·具有多层次的交往活动空间场所,其设施满足居民交往行为的需要,特别是老人、儿童、残疾人的需要 ·位置选择适当,领域划分明确	·为人际交往提供了场所,但设施一般 ·位置选择基本适宜	2.0		M109

71

续表

要素	项目	观测点 A级标准	观测点 C级标准	权重系数	评价等级 A B C D	编号
配套设施	基础环卫设施	·项目齐全,负荷均衡,经济合理 ·区内各种管线地下敷设,管线顺直、短捷,避免穿越绿地 ·垃圾定时封闭收集、运送,不妨碍环境卫生 ·能因地制宜地利用天然能源及再生能源	·各管线设置基本齐全,大部分地下敷设,管线综合较经济 ·垃圾收集、运送基本合乎卫生要求	4.0		M110
	公共建筑配置	·公共建筑配置与小区规模相适应,符合村镇特点,符合居民的活动规律 ·民助型公共建筑位置选择适当,有利于经营管理,方便居民 ·公益型公共建筑方便居民使用	·公共建筑配置数量适当,布局基本合理	2.5		M111
	物业管理	·有为开展工作所必须的包括用房和有关设施在内的物业管理体系 ·有实施治安保卫管理的必要设施和条件 ·有便民服务措施、服务项目及机构	·有基本健全的物业管理体系 ·有一定的治安保卫管理措施 ·有一定的便民服务措施	1.5		M112
节约用地	用地选择	·旧村(区)改造,原址改建 ·以区位条件好的旧村庄(镇小区)为依托,迁村并点,增大人口规模 ·利用荒地、废地、山坡地,不占农田,用地紧凑 ·周围环境适宜住区建设	·基本是旧村(镇区)改建,占用部分低产田 ·迁村并点,增大人口规模,用地较为紧凑	3.0		M113
	节地措施及成效	·节地措施多样,效果显著 ·人均居住用地指标符合或小于国家及当地的有关规定 ·用地构成合理,符合《村镇示范小区规划设计导则》规定 ·土地利用率100% ·容积率指标合适	·有一定的节地措施,效果较显著 ·人均居住用地基本符合国家及当地的有关规定 ·土地利用率90% ·容积率指标较合适	4.0		M114

(二)住宅设计($M_2 = 45$)(表 4-2)

村镇小康住宅示范小区住宅设计评价等级标准　　　表 4-2

要素	项目	观测点 A级标准	观测点 C级标准	权重系数	评价等级 A B C D	编号
功能与空间	功能布局	·功能布局合理、紧凑,符合家庭构成的居住需要、生活习惯和职业要求 ·室内平面布置有创新、考虑远期改造的可能性 ·平面布置做到了"四分离" ·居住面积与辅助面积分配合理,套型组合灵活,私密性较好;多代同堂住宅可分可合,能适应彼此相对独立的按代分居的需求 ·生活流线顺畅、便捷	·功能空间基本符合家庭构成的生活需求 ·平面布置基本做到了"四分离" ·居住面积与辅助面积分配基本合理,套型组合基本合理,有一定的私密性	5.5		M201
	基础功能空间的组合与利用	·合理充分利用室内零星空间或"潜空间";门窗、暖气片、管道等位置适当,墙面完整,便于家具灵活布置 ·基本功能空间完整,面积大小合适,卧室数≥家庭人口数。考虑到老人卧室的特殊需要 ·起居厅、门厅、餐厅关系合理,可分可合 ·设有分类储藏间,面积数量合适,满足使用要求	·室内空间基本得到了利用,门窗、暖气片、管道等位置基本合适,墙面基本完整,家具布置基本上符合使用要求 ·基本功能空间尚完整,卧室数等于家庭人口数 ·起居厅、门厅、餐厅关系尚可 ·储藏间面积数量基本满足要求	4.5		M202
	附加功能空间	·能按照户类型、小康分级标准及个人的兴趣爱好设置相应的附加功能空间,满足居住者的需要 ·附加功能空间位置适当,和基本功能空间关系协调 ·设置阳台、平台、凉台等,考虑衣物、农作物的凉晒,且为住户提供室外生活空间	·附加功能空间基本满足居住者的需要 ·附加功能空间和基本功能空间关系基本协调 ·设置了阳台、平台、凉台等,尚能基本满足相应的功能要求	2.5		M203
	朝向	·每套平均 75% 的房间(卧室、起居室)具有良好的朝向	·每套平均 60% 的房间(卧室、起居室)具有良好朝向	1.5		M204
设施设备	厨卫设施	·厨房有自然通风和直接采光 ·厨房设施齐全,排列恰当,符合操作程序,操作面延长线长度≥3.3m ·卫生间设施齐全,设有洗面台、浴缸或淋浴器、坐便器、洗衣机位、风道等 ·布置合理、紧凑,各卫生行为空间适当分隔,利于使用时互不干扰,通风良好 ·垂直管道井、水平管道带,暗敷	·厨房设施较为齐全,排列组合基本符合操作程序,操作面延长线长度≥3.0m ·卫生间设施较为齐全,布置基本合理,有一定的通风效果	4.5		M205
	设备配置	·各种管线齐全,相对集中布置,设集中管井和水平管带,暗敷 ·设置有足够数量的电器插座、电话、电视插口和给水龙头,且位置合理	·各种管线基本齐全,考虑到集中布置 ·电器插座、电话、电视插口和给水龙头的数量基本满足要求,位置基本合理	2.5		M206

续表

要素	项目	观测点 A级标准	观测点 C级标准	权重系数	评价等级 A B C D	编号
节能	保温隔热	·采暖区执行《民用建筑节能设计标准》及当地有关居住建筑节能设计规定；炎热区符合《民用建筑热工设计规程》，过渡区兼顾保温和隔热，节能水平达到50% ·体型系数严寒地区小于0.3，寒冷地区小于0.35 ·保温、隔热技术措施有效，外墙、外门窗、屋面等主要部位所用材料性能良好，构造合理，施工方便	·保温、隔热均有考虑，基本满足标准要求 ·节能水平达到30% ·保温、隔热技术措施较有效	3.0		M207
	节约水电气	·水、电、气表选型均合理，安装位置适宜 ·采用节水水箱、定时开关及节能灯具等措施，效果显著	·三表均有设置，位置较适宜	1.5		M208
物理性能	采光	·卧室、厨房、卫生间直接采光 ·卧室、起居厅的门窗地面积比大于规定1/7	·卧室、起居室、厨房直接采光 ·卧室、起居厅的窗地比等于规定1/7	2.5		M209
	通风	·有良好的穿堂风，通风顺畅 ·暗卫生间的通风措施效果显著	·有穿堂风，效果尚可 ·暗卫生间有通风措施，效果尚可	2.0		M210
	隔声	·分户墙、楼板的空气隔声≥45dB ·楼板的撞击隔声≤70dB	·分户墙、楼板的空气隔声≥40dB ·楼板的撞击隔声≤75dB	1.5		M211
安全性	结构	·结构设计合理，抗震措施有效，构造安全，施工方便 ·结构选型满足住宅的灵活性和可变性	·结构设计较合理，符合抗震规范	4.0		M212
	安全措施	·具有防火、防盗、防坠落、防触电及安全疏散措施，设计周到，效果明显	·具有一定的防火、防盗等安全措施	4.0		M213
技术指标	面积指标	·建筑面积指标符合《导则》规定 ·使用面积系数≥75%	·建筑面积指标基本符合《导则》规定 ·使用面积系数≥70%	3.0		M214
	层高与面宽	·层高≤3.0m ·面宽小于每套建筑面积的10%数值	·层高≤3.3m ·面宽等于或略大于每套建筑面积的10%数值	2.0		M215
建筑造型	特色	·富于创新，具有浓郁的村镇特点和地方特色，比例协调，色彩、质感处理得当，与周围环境协调统一	·有所创新，比例基本和谐，与周围环境基本协调统一	2.5		M216

(三)科技含量($M_2=10$)(表4-3)

科技含量 表4-3

要素	项目	观测点 A级标准	观测点 C级标准	权重系数	评价等级 A B C D	编号
四新技术	新技术新材料新产品新工艺	·应用新技术范围广泛,新技术项目较多	·新技术得到一定范围的应用	3.0		M301
		·新型墙体材料、保温材料得到大面积应用,效果良好	·新型材料得到一定范围的应用,效果尚可	4.0		M302
		·新产品(尤其是厨卫新产品)得到大范围的应用,效果良好 ·新工艺得到大范围的应用,效果良好	·新产品得到一定范围的应用,效果尚可 ·新工艺得到一定范围的应用,效果尚可	3.0		M303

注:1. 评价指标体系中有关住宅设计的"基本功能空间"、"附加功能空间"、"厨卫设施"、"设备配置"、"保温隔热"、"节约水电气"、"采光"、"通风"、"隔声"以及"安全措施"等项目中的某些"观测点"与"标准"关系密切,不仅仅是设计优劣的问题。因此,在评价其等级时,应在同一标准下来衡量其高低。
2. 作为村镇小康住宅科技支撑的新技术、新材料、新产品有:3Z新型混凝土空心砌块;模数粘土多孔砖;升流式厌氧复合床污水净化器;反火型对流式煤气发生炉;秸秆制气;沼气、太阳能热水器等。

六、评价结果的计算方法及标准

(一)计算方法

本方案采用等级评定和等级状态方程输出评价结果,各评价项目按A、B、C、D四级制订等级标准。各等级标准根据子专题《村镇小康住宅规划设计导则》及国家有关规定制订,评价者在打分时,只需对评价项目按照评价等级标准给出评价等级(在A、B、C、D格内打"√")。在等级标准中,只给出A级和C级标准,介于A、C级之间为B级,不满足C级即为D级(不合格)。

评价结果用等级状态方程式表示,即评价结果按下列公式计算:

$$V_i = \sum_{j=1}^{n} M_{ij} \times (\text{等级})_{ij} \qquad (i=1,2,3; j=1,2,3,\cdots n)$$

式中 M_{ij} 为第 i 个主要评价方面中第 j 个项目(评价)的权重系数; n 为第 i 个主要评价方面中评价项目的个数;(等级)$_{ij}$ 为第 i 个主要评价方面中第 j 个评价项目的评价等级,即:

$$V_i = M_{ia}\text{A} + M_{ib}\text{B} + M_{ic}\text{C} + M_{id}\text{D} \qquad (i=1,2,3)$$

式中 M_{ia}、M_{ib}、M_{ic}、M_{id} 分别为评价等级A、B、C、D的权重系数之和。

最后的评价结果为:

$$V = \sum_{i=1}^{3} V_i = a\text{A} + b\text{B} + c\text{C} + d\text{D}$$

其中:V 为评价结果;i 为三个评价方面;a、b、c、d 分别为三个评价方面的评价等级A、B、C、D的权重系数之和,且 $a+b+c+d=100$。

(二)评价结果的标准

1. 结合评价

(1) 优秀小区:在等级状态方程中同时满足下列条件者,评价等级为优秀:

① $a \geq 40$;② $c \leq 20$;③ $d \leq 15$;④ 核心项目(即权重系数 ≥ 4.0 的评价项目)无不及格项目(D)且仅有一项为 c。

(2)合格:在等级状态方程中,$d \leqslant 15$ 且不存在核心项目者不及格。

(3)不合格:合格标准中有一项不能满足者,为不合格,即:

①在等级状态方程中,$d > 15$。

②评价的三个主要方面中,有一个核心项目不合格。

2. 单项评价

综合评价合格以上的小区,方有资格参加以下单项评价:

(1)规划设计优秀:在规划设计方面($M_1 = 45$)的等级状态方程中,同时满足下列条件者,为规划设计优秀:

①$a \geqslant 20$;②$c \leqslant 8$;③$d \leqslant 4$。

(2)住宅设计优秀:在住宅设计方面($M_2 = 45$)的等级状态方程中,同时满足下列条件者,为住宅设计优秀:

①$a \geqslant 25$;②$c \leqslant 10$;③$d \leqslant 5$。

(3)科技含量优秀:在科技含量方面下($M_3 = 10$)的等级状态方程中,同时满足下列条件者,为优秀:

①$a \geqslant 5$;②$c \leqslant 3$;③$d = 0$。

第五章 村镇小康住宅居住标准研究

第一节 村镇小康住宅居住标准体系

一、指导思想

村镇小康住宅居住建议标准的研究,是根据国家"2000年小康型城乡住宅科技产业工程"项目所确定的目标来制定的,以适应村镇住宅建设发展的需要,改善居住条件和环境质量,提高村镇住宅的建设水平,从而为《村镇示范小区规划设计导则》提供技术依据。以此为目的,具体形象地说明村镇小康住宅的概念,从总体上把握村镇小康住宅建设居住目标标准,起到导向性和示范性的作用。

二、村镇小康住宅居住标准的特征

在我国已达到小康生活水平的广大村镇地区,其经济发展水平、居民收入和消费水平、自然气候条件和生活习惯有所差异,村镇一、二、三产业并存,可划分为职业户、农业户、专业户和综合户四种户型。因此,村镇小康住宅居住标准也应该是多层次的。小康水平是生活从温饱走向富裕过程中的一个发展阶段,小康住宅居住标准应该与此阶段的经济与生活水平相适应,坚持可持续发展原则,有利于促进村镇城市化进程,避免不切实际的高标准。同时小康住宅居住标准又要适应21世纪初叶我国大众住宅的发展水平,体现小康住宅的示范性、引导性和适度超前性,达到多层次、多类型的要求。

影响村镇居住水平的因素包括住宅的面积、功能空间、室内设施与设备、室内声光热环境、结构与材料、基础设施、公共服务设施、绿化与室外环境等诸多方面。因此村镇小康住宅居住标准也应包括以上内容的综合性标准体系。只有达到多标准的平衡统一,才能保证村镇小康居住目标的实现。

按照国际上衡量居住水准的方法,在实态调查和综合研究的基础上,结合中国村镇住宅建设的发展水平,力求较全面系统地反映村镇小康居住水平的特征和要求,提出了多元多层次的村镇小康住宅居住建议标准体系,其标准体系框图如下:

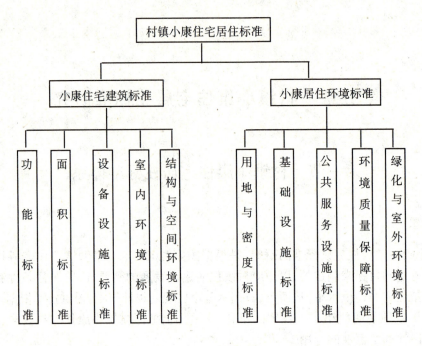

第二节 村镇小康住宅居住标准的内涵

本研究提出了多元多层次的村镇小康住宅居住标准,即二级十类和38项的指标体系,力求反映出村镇小康住宅居住标准的内容。两个等级为"一般标准"(一级)和"理想标准"(二级);"一般标准"是指村镇小康住宅按小康住宅示范要求必须达到的标准,"理想标准"是指部分经济发达地区所能达到的较高水平的目标标准。下面按村镇小康住宅建筑标准和小康居住环境标准来分别说明十类38项指标的内涵。

一、村镇小康住宅建筑标准

1. 功能标准　小康住宅居住水平要求有良好的功能分区,即公共活动空间与私密活动空间分区;动态活动空间与静态活动空间分区。根据子女年龄增长,父母与子女、子女之间达到生理分室标准,最基本的要求是进餐与就寝活动分离,有污染空间与其它空间分区;理想标准为起居、进餐、生产活动各自均有独立空间。

2. 面积标准　是反映小康居住水平的最基本指标,按垂直分户与水平分户住宅、家庭人口、生活方式和各功能空间内人体活动和家俱设备布置要求的低限值来科学地确定空间尺度和分别设定套型,提高了使用功能质量。一般标准是根据家庭人口规模能满足基本功能空间的面积要求;理想标准能较好地满足辅助功能空间的面积要求。

3. 设备设施标准　是反映小康居住水平高低的重要条件,指厨房、卫生间内的设施和设备标准设施包括炊事设施、卫生器具、排气装置及相关的辅助设施。设备包括电气、给排水、采暖通风等设备的配置,同时考虑了家用电器的等相关要求。

4. 室内环境标准　主要考虑室内光环境、热环境、声环境以及卫生环境。光环境包含了照明和采光二项内容;热环境提出室内温度指标;声环境是控制噪声影响,包括空气声隔声和撞击声隔声的要求。

5. 结构与空间环境标准　结构标准考虑住宅的安全性、耐久性、经济性和施工方便的要求,包括构配件的标准化、模数化,住宅的耐火等级和安全等级,新型墙体材料和塑钢复合材料窗的推广使用。装修标准包含装修部位和装修材料的选择,装修方式一般采用两阶段的组织方式,考虑村镇住户比较明确,理想标准积极推广一次装修到位。层高控制标准是为了节能节材和合理控制建筑造价。

二、村镇小康居住环境标准

1. 用地与密度标准　是土地使用效率的重要标志,以人均用地、容积率、层高三项指标控制,并按低层住宅小区与多层住宅小区分别设定。一般标准在现状村镇住宅用地指标较高的情况下加以适当的限制,应允许人均土地较多的地区用地标准稍高于城市,理想标准在满足小康居住环境质量的要求下,尽可能节约土地。

2. 基础设施标准　是小区居住环境质量高低的基本指标,包括给水、排水、电力、电讯、供热、燃气、电视共用天线等,一般标准是根据当地经济发展水平和自然条件因地制宜,满足小康生活的基本要求,理想标准是提高设施的科技含量,达到经济、舒适、方便、稳定的设施水平,小区有一个系统完善和高效的基础设施。

3. 公共服务设施标准　是提高生活水平的重要标志,分七大类两级配套标准,一般标准是满足居民基本生活需求必须达到的,理想标准在满足基层公共服务设施配套的同时,提高社区管理设施、文化教育设施和老人活动设施的水平。

4. 环境质量保障标准　是提高居住环境的重要保证。包括大气环境和声光热环境标准,提出了卫生环境保障措施。一般标准可达到基本的较好的居住环境要求,理想标准可达到舒适的居住环境质量要求,并采用科技含量较高的卫生环境保障措施。

5. 绿化与室外环境标准　绿化标准以绿地率和人均公共绿地作为控制指标。公共绿地分中心绿地和分散绿地两级,公共绿地最小规模指标为满足配置一定设施的要求,并保证一定的绿化面积。绿地设施配置一般标准以绿化为主,配置简易的老幼设施,理想标准配置完善的老幼设施。

第三节　村镇小康住宅居住标准建议

村镇住宅居住标准包括两级十类 38 项指标,建议内容见表 5-1。

村镇住宅居住标准建议　　　　　表 5-1

类别	项目	一　般　标　准	理　想　标　准
1. 功能 标准	(1) 功能分室	就寝分离、食寝分离、洁污分离	起居分离、就餐分离、生产分离
	(2) 功能空间	基本功能空间齐全	合理配置辅助功能空间

续表

类别	项目		一般标准			理想标准			
2.面积标准	(3)垂直分户		70m²型	110m²型	150m²型	垂直分户	100m²型	135m²型	180m²型
			2DK、2LDK、3DK	3LDK、3LD(2)K、2(2)LDK	2LD(2)K、4LDK		2DK、2LDK、3DK	3LDK、3LD(2)K、2(2)LDK	2LD(2)K、4LDK
			2~4人	4~6人	6~8人		2~4人	3~5人	5~7人
	(4)水平分户		55m²型	75m²型	90m²型	水平分户	70m²型	85m²型	105m²型
			2DK、2LDK、3KD	3LDK、3DK、3LDK	3LDK、2LD(2)K、4LDK		2DK、2LDK、3KD	3LDK、3DK、3LDK	3LDK、2LD(2)K、4LDK
			2~4人	4~6人	6~8人		2~4人	3~5人	5~7人
	(5)基本功能空间低限		起居厅 14m²	主卧室 12m²	次卧室 8m²	厨房 6m²	基本功能空间低限	起居厅 16m²	主卧室 14m²	次卧室 9m²	厨房 7m²
			卫生间 4m²	贮藏间 2m²	餐厅 8m²	门厅(斗) 2m²		卫生间 5m²	贮藏间 4m²	餐厅 10m²	门厅(斗) 3m²

类别	项目		一般标准		理想标准	
3.设施设备标准	(6)设施	厨	灶台或燃气灶台、调理台、洗池、吊柜、排油烟机		厨	燃气灶台、调理台、洗池、吊柜、排油烟机、水箱位
		卫	蹲便器、洗脸器、洗浴器、洗衣机位		卫	坐便器、洗脸台、洗浴器(盆)、洗衣机(位)
	(7)给水设备	给水龙头	厨房	1个	给水设备给水龙头	厨房	2个(热水龙头1个)
			卫生间	3~4个		卫生间	4~5个(热水龙头2个)
	(8)电气设备	电器插座	起居室	2组	电气设备电器插座	起居室	3组
			卧室	2组		卧室	2组
			厨房	2组		厨房	3组
			卫生间	2组		卫生间	3组
	(9)电讯设备	电视插口	起居室	1个	电讯设备	电视插口	起居室	1个
			主卧室	预留			主卧室	1个
		电话插口	起居室	1个		电话插口	起居室	1个
			主卧室	预留			主卧室	1个

续表

类别	项目		一般标准		理想标准	
4.室内环境标准	(10)光环境	采光	起居室、卧室、卧室≥1/7、主要房间≥1/12(窗地比)	采光	起居室、卧室、卧室>1/7、次要房间≥1/12(窗地比)	
		照明	起居室及一般区域	30~50Lx	照明	起居室及一般区域	50~70Lx
			卧室书写阅读	150~200Lx		卧室书写阅读	200~300Lx
			餐厅、厨房	50~75Lx		餐厅、厨房	75~100Lx
			卫生间	20~30Lx		卫生间	30~50Lx
			楼梯间	10~20Lx		楼梯间	20~30Lx
	(11)声环境	空气隔声	分户墙·楼板≥40~45dB	空气隔声	分户墙·楼板≥45~50dB	
		撞击隔声	楼板≤75~65dB	撞击隔声	楼板≤65~60dB	
	(12)热环境	冬季	采暖区	16~17℃	冬季	采暖区	17~18℃
			非采暖区	10~14℃		非采暖区	14~16℃
		夏季	<30℃	夏季	<28℃	
5.结构与空间环境标准	(13)安全耐火	安全耐火等级≥2级	建材耐火等级≥2级	同右	同右	
	(14)装修	初装修和二次装修两阶段 厨房、卫生间:易清洁、防水、防滑 卧室、起居室:易清洁、舒适		装修	一次装修到位 厨房、卫生间:易清洁、防水、防滑 卧室、起居室:易清洁、舒适	
	(15)层高	低层	≤3.3m	层高	低层	≤3.2m
		多层	≤3.0m		多层	≤2.9m
	(16)墙体	限制使用粘土砖和普通钢木窗		墙体	不使用粘土砖和普通钢木窗	
6.用地密度标准	(17)低层小区	人均用地	55~70m²	低层小区	人均用地	40~60m²
		容积率	≥0.45		容积率	≥0.5
		层数	2层		层数	2~3层
		住栋	限制低层独立式,少用低层联立式		住栋	限制联立式、宜用低层联排式
	(18)多层小区	人均用地	30~45m²	多层小区	人均用地	20~35m²
		容积率	≤1.0		容积率	≤1.5
		层数	5层		层数	4~5层
		住栋	多层两户单元式、多层板式、多层点式		住栋	多层板式、多层点式、多层通廊式、多层复合式(水平、垂直)

续表

类别	项目	一般标准		理想标准	
7. 基础设施标准	(19) 道路广场	道路铺装率达100%,支路可采用地方硬质材料路面,干路采用较高等级铺装路面,两侧有常青树林或行道树,宜有一处集中停车场		道路广场	道路采用较高不同等级铺装路面,铺装率达100%,主要道路绿化和树木种类齐全,有一处以上较完善的停车场(库)
	(20) 给水	饮用清洁用水,水质符合二级水的规定,在全区尽可能集中供水,并保证消防要求		给水	生活饮用水质达标,安全饮用自来水普及率达100%,做到供水到户,并保证消防要求
	(21) 排水	生活污水分散处理,统一收集后简易排放,处理率达100%,并达到一定排放标准,应有简便的排放系统,逐步实行雨污分流		排水	生活污水净化处理或利用后排放,处理率达100%,并达到排放标准,排水管网系统采用雨污分流制
	(22) 供电	住宅小区内主要干道、广场和中心绿地应设置照明系统,供电线路宜埋地敷设		供电	住宅小区应有完善的室外照明系统,供电线路应采用埋地电缆
	(23) 电讯	住宅小区有公用电话,保证每户都有安装电话的可能,设置或预留电视共用天线管线系统,线路宜埋地敷设		电讯	住宅小区有公用电话,住户程控电话开通率30%以上,电话线预埋至各户,设置电视共用天线系统,线路应埋地敷设
	(24) 燃气供热	根据当地条件宜选择经济合理的供热或燃气方案,统一规划,预留管线位置		燃气供热	统一规划,采用相对集中的供热或燃气方式,逐步实现集中或分散管网系统化
8. 公共服务设施标准	(25) 教育类	托幼	320~380m²/千人	托幼	320~380m²/千人
		小学	340~350m²/千人	小学	350~370m²/千人
	(26) 卫生类	卫生站	15~30m² 与其它公建合设	卫生站	30~45m²
	(27) 文化类	文化站	200~400m² 内容:文化娱乐、图书、老人活动室	文化站	400~600m²左右 内容:多功能厅、文化娱乐、老人活动用房充分
	(28) 商业类	综合商店	200~400m² 内容:基本用房有小食品、小副食、日用杂品及粮油	综合商店	400~500m²左右 内容:较齐全各类用房有食品、副食、日用杂品及粮油等
	(29) 社区服务类	社区服务	50~200m² 可与村委会一起安排	社区服务	200~300m² 宜单独设
		自行车 摩托车 存车处	1.5辆/户 每300户设一处	自行车 摩托车 存车处	≥1.5辆/户 每150~300户设一处
		汽车场(库)	0.5辆/户	汽车场(库)	≥0.5辆/户
	(30) 管理类	物业管理居委会	25~55m²/处 每300~700户设一处	物业管理居委会	55~75m²/处 每300~700户设一处
	(31) 市政类	公厕	50m²/处	公厕	50m²/处

续表

类别	项目	一般标准		理想标准	
9.环境质量标准	(32)环境要求	大气环境	大气质量达到国家大气环境质量二级标准避免噪声干扰	大气环境	大气质量达到国家大气环境质量二级标准,采用噪声防护措施
	(33)垃圾卫生	垃圾	生活垃圾定点收集,垃圾堆肥或卫生填埋场距生活区距离不少于300m,不宜喂家禽	垃圾	生活垃圾分类收集,垃圾堆肥或卫生填埋场距生活区距离不少于500m,无喂养家禽
	(34)水卫生	水卫生	水体、饮水、污水符合《导则》卫生要求	水卫生	水体、饮水、污水符合《导则》卫生要求
10.绿化与室外环境标准	(35)公共绿地	Ⅰ级	≥2.5m²	公共绿地	Ⅰ级 >2.5m²
		Ⅱ级	≥2.0m²/人		Ⅱ级 >2.0m²/人
		Ⅲ级	≥1.5m²/人		Ⅲ级 >1.5m²/人
	(36)绿地率	30%		绿地率	35%
	(37)场地设施	集中绿地	花木水面、休息亭椅、简易老幼设施、铺装地面　　750m²	集中绿地场地设施	中心广场,花木水面、休息亭椅、老幼设施、停车场地、铺装地面等 ≥750m²
		分散绿地	花木草坪、桌椅小品　　200m²	分散绿地	花木草坪、桌椅小品、简易儿童活动设施 ≥200m²
	(38)日照	日照时数不低于冬至日1h		日照	日照时数不低于冬至日1h

83

第六章 村镇示范小区规划设计导则

1 总 则

1.0.1 本规划设计导则根据国家"2000年小康型城乡住宅科技产业工程"项目实施方案所确定的目标和要求制定的,以适应21世纪初期村镇住宅建设发展的需要,提高村镇住宅的建设水平,改善居住条件和环境质量。

1.0.2 本导则适用于被批准列入国家"2000年小康型城乡住宅科技产业工程"项目计划的村镇示范小区规划和住宅建筑设计。是各地区制定本地区村镇示范住宅小区规划和小康住宅设计条件的主要技术依据。

1.0.3 村镇示范小区应以21世纪初期的小康型村镇居住水准为目标,满足住宅的居住性、舒适性、安全性、耐久性和经济性,建设环境优美、设施完善和具有地方特色的居住小区。示范小区应遵循可持续发展的原则,具备超前性、导向性和示范性,推动城乡协调发展,促进村镇住宅建设的科技进步。

1.0.4 示范小区的规划设计应遵循以下基本原则:

1.0.4.1 执行乡村城市化和小城镇建设方针,统一规划、合理布局、因地制宜、综合开发、配套建设、严格管理。

1.0.4.2 贯彻国家保护耕地和环境的方针,提高节地、节能和节材的效果。

1.0.4.3 积极推广、采用、开发符合村镇建设需要的新材料、新产品和新技术,推动村镇建设实用技术进步,促进村镇住宅产业化的发展。

1.0.4.4 满足当地物质与精神文明建设的需求,创造符合现代生活需求的、便于居民交往的、具有亲切人和气氛的居住生活环境。

1.0.4.5 保证环境、经济与社会效益的协调统一。努力探索村镇示范小区物业管理方式和方法,促进物业管理水平的提高。

1.0.5 村镇住宅小区应在村镇总体规划指导下,根据所处村镇(中心村、集镇、建制镇)的发展特点,进行区位分析。制定与当地社会经济文化发展水平相适应的规划设计条件,搞好规划设计的前期的分析策划。

1.0.6 村镇示范小区可采用新建、改建或新建改建相结合的三种建设类型。提倡在保护耕地、农业集约化生产原则下,进行旧区改造和迁村并点的建设方式。

1.0.7 村镇示范小区规划及住宅建筑设计除均应执行本导则规定的要求之外,尚应符合国家或地方现行的有关法规、标准和条例的规定。

1.0.8 村镇示范小区建成后,在开展群众评议的基础上组织专家按规定项目检查、评价和验收。

2 小区规划设计

2.1 规模与用地

2.1.1 村镇示范小区按居住户数或人口规模可分为三级。示范住宅小区的人口规模一般应不少于150户。各级标准控制规模,应符合表2.1.1的规定。

村镇示范住宅小区分级控制规模　　　　表2.1.1

级别	Ⅰ级 (小区级)	Ⅱ级 (组群级)	Ⅲ级 (院落级)
户数	800～1500户	400～700户	150～300户
人口	3000～6000人	1500～2500人	600～1000人

2.1.2 村镇示范小区用地选择应遵循下列原则:

2.1.2.1 用地应在符合村镇总体规划,满足居住功能要求;环境良好,有利于生产、方便生活。

2.1.2.2 用地应有适宜的卫生条件,避免噪声、大气及工农业排放物的污染和侵害;并应有适合建设的工程地质条件,避开易受自然灾害影响的地段。

2.1.2.3 用地应具备较好的建设条件,有交通、供水、排污以及电力电讯等方面的基础设施条件,并具备相应的文化教育、商业服务和医疗卫生等公共服务设施条件。

2.1.2.4 用地应尽可能利用荒地和坡地,节约耕地,提倡土地还耕的建设方式。

2.1.3 村镇示范小区规划用地指标以人均用地指标计算,并应符合表2.1.3规定。

人均用地控制指标　　　　表2.1.3

类　　　别	用　地　指　标
低层住宅小区(2～3层)	40～70m²/人
多层住宅小区(4～5层)	20～40m²/人

2.1.4 村镇示范小区用地应由住宅用地、公建用地、道路用地和公共绿地四项用地构成。其用地平衡控制指标应符合表2.1.4规定。

用地平衡控制指标　　　　表2.1.4

用地构成	住　宅	公　建	道　路	公共绿地
%	55～75	8～20	6～15	7～13

2.2 规划结构与布局

2.2.1 规划布局应符合用地经济合理、规划结构清晰、设施配套齐全、远近协调发展的原则。

2.2.2 村镇示范小区应根据所在村镇特性、居民生活方式、住宅小区规模、用地条件、配套设施、组织与管理等因素,选用适宜的规划组织结构。

2.2.3 规划布局应充分利用规划用地内的地形、地貌、地物等自然条件,注重其地方性以及景观的协调性。

2.2.4 规划布局应本着方便生活、有利交往的原则,综合地解决好住宅与公共服务设施、道路、绿地等相互关系。

2.3 道路与交通

2.3.1 村镇示范小区应根据自然条件、用地规模和居民出行规律,选择出行便捷、结构清晰、宽度适宜的道路系统。恰当选择小区主次出入口的位置。

2.3.2 应避免过境车辆的穿行,以及与居住生活无关的农机车辆的进入。组织好小区内的人行与自行车、摩托车、汽车等的流线,保证通行安全和居住环境的宁静。

2.3.3 应合理安排或预留汽车等机动车停放场(库)地、自行车和摩托车的存放场地。小区自行车、摩托车和汽车等的存(停)放数量,应符合表2.3.3规定。

停车位控制指标　　　　　　表2.3.3

项目	自行车	摩托车	汽车等(或家用农用车)
设置数量(占总户数%)	100%~200%	50%~100%	50%~100%

2.3.4 应满足消防、救护、抗灾和垃圾清运等要求,有利于住栋群体的布置和管线的敷设,并应满足老年人和残疾人无障碍出行的要求。

2.3.5 村镇小区内道路可分为:主路、支路和宅前路三级。其宽度应符合表2.3.5规定。

道路宽度控制指标　　　　　　表2.3.5

类别	红线宽度(m)	路面宽度(m)
主 路(一级·小区级)	14~18	6~8
支 路(二级·组群级)	10~14	4~6
宅前路(三级·院落级)		2~4

2.4 住宅与住栋群体

2.4.1 村镇住宅建筑的规划设计应根据住户从事产业和生活方式差异的不同需求,选定住宅类型并进行住栋群体空间组织。

2.4.2 应符合在节地、节能、节材的原则,合理确定住宅建筑的层数与容积率。中心村的住宅以低层为主或采用低层与多层相结合的方式,镇区以多层为主或采用全多层的方式,多层住宅层数一般以4~5层为宜。村镇示范小区容积率应符合表2.4.2规定。

住宅容积率控制指标　　　　　　表2.4.2

类型	低层住宅小区(≤3层)	低多层混合住宅小区	多层住宅小区(4~5层)
容积率	0.45~0.70	0.65~0.90	0.85~1.05

2.4.3 住栋群体布置应确保良好的居住性。住宅间距必须满足日照要求,并综合考虑

通风、采光、噪声、防灾、避免视线干扰等要求。

2.4.4 住栋群体布局与空间组织应与居民交往相结合,提高住栋群体的景观组织效果与环境质量,对宅院、活动场地、停车场、自行车存放处和垃圾收集点等统一安排。

2.4.5 低层住宅小区或以低层住宅为主的住宅小区,应合理提高土地利用率,提倡多户联排式的组合方式。

2.4.6 低层住宅小区应处理好宅院设计、密度和视线干扰等因素。宅院内不得加建房屋,宜采用绿篱或通透式院墙。

2.5 基础设施与公共服务设施

2.5.1 村镇示范小区基础设施应有示范性,并处理好发展与现实的关系,力求达到经济合理、设施完备。

2.5.2 村镇示范小区内应设置给水、排水、电讯和电力管线。有条件地区还应设置供热(在采暖地区)、燃气、电视共用天线等管线。各种管线应统一规划、综合布线,配置齐全。

2.5.3 村镇示范小区基础设施的配备均应符合表2.5.3的规定,并不应低于一级的基本规定。

基础设施配备项目规定 表2.5.3

项目	级别	设 置 要 求
1.道路广场	一	道路铺装率宜达100%,支路可采用地方硬质材料路面。干路采用较高等级铺装路面,两侧有常青树丛或行道树,宜有一处集中停车场
	二	道路采用较高等级铺装路面,铺装率达100%,主要道路绿化和树木种类齐全,有一处以上较完善的停车场(库)
2.给水	一	饮用清洁用水,水质符合二级水的规定,在全区尽可能集中供水,并保证消防要求
	二	生活饮用水质达标,安全饮用自来水普及率达100%,应做到供水到户,并保证消防要求
3.排水	一	生活污水分散处理,统一收集后简易排放,处理率达100%,并达到一定排放标准。应有简便的排放系统,逐步实行雨污分流
	二	生活污水净化处理或利用后排放,处理率达100%,并达到排放标准。排水管网系统采用雨污分流制
4.供电	一	小区内主要干道、广场和中心绿地应设置照明系统,供电线路宜埋地敷设
	二	小区应有完善的室外照明系统,供电线路应采用埋地电缆
5.电讯	一	住宅小区宜有公用电话,保证每户都有安装电话的可能,设置或预留电视共用天线管线系统,线路宜埋地敷设
	二	住宅小区应有公用电话,住户程控电话开通率30%以上,电话线预埋至各户,设置电视共用天线系统,线路应埋地敷设
6.燃气、供热	一	根据当地条件宜选择经济合理的供热或燃气方案,统一规划,预留管线位置
	二	统一规划,采用相对集中的供热或供燃气方式,逐步实现集中或分散管网系统化

2.5.4 村镇示范小区的公共服务设施,应本着方便生活、合理配套的原则,合理确定其规模和内容。公共服务设施的布置,应做到有利于经营管理、方便使用和减少干扰。并应方便老人和残疾人的使用。

2.5.5 村镇示范小区应重点配置社区服务管理设施、文化体育设施和老人活动设施。

2.5.6 村镇示范小区公共服务设施配套指标以每千人 1300～1500m² 计算。各级规模小区的最低指标应符合表 2.5.6 规定。

公共服务设施项目规定 表 2.5.6

序号	项目名称	建筑面积控制指标	设 置 要 求
1	托幼	320～380m²/千人	儿童人数按各地标准,Ⅱ、Ⅲ级规模根据周围情况设置;Ⅰ级规模应设置
2	小学校	340～370m²/千人	儿童人数按各地标准,根据具体情况设置
3	卫生站（室）	15～45m²	可与其它公建合设
4	文化站	200～600m²	内容包括:多功能厅、文化娱乐、图书、老人活动用房等,其中老人活动用房占三分之一以上
5	综合便民商店	100～500m²	内容包括小食品、小副食、日用杂品及粮油等
6	社区服务	50～300m²	可结合(村)居委会安排
7	自行车摩托车存车处	1.5辆/户	一般每300户左右设一处
8	汽车场库	0.5辆/户	预留将来的发展用地
9	物业管理（村）居委会	25～75m²/处	宜每150～700户设一处,每处建筑面积不低于25m²
10	公厕	50m²/处	设一处公厕,宜靠近公共活动中心安排

注:在项目3、4、5、6和9的最低指标选取中,Ⅰ级、Ⅱ级和Ⅲ级规模小区应依次分别选择其高、中、次值。

2.6 绿地与环境设计

2.6.1 村镇示范小区应根据不同的分级规模和规划组织结构,合理安排公共绿地。绿地率不低于30%,Ⅰ级、Ⅱ级和Ⅲ级规模的示范小区公共绿地指标依次应符合下列规定:≥2.5m²/人、≥2.0m²/人和≥1.5m²/人。

2.6.2 绿地充分利用结合用地内已有的树木、水体等自然环境特点,合理利用地形地貌,创造丰富的环境景观。

2.6.3 绿地应结合建筑小品、铺地和绿化,进行环境设计。安排处理好与道路、场地和院落的相互关系,在主入口处应设置导向牌,各住栋组群、住栋的标牌和房号应易于识别。

2.6.4 绿地布置应方便居民利用,可采取集中与分散相结合的方式。且应设置休憩场地、游戏场地和集体活动场地,其设置应符合表2.6.4规定:

公共绿地设置规定 表2.6.4

名称	设 置 内 容	要 求	最小规模
集中绿地	中心广场、草木水面、休息亭椅、老幼活动设施、停车场地、铺装地面等	应在住宅小区级或住宅组群级设置	750m²
分散绿地	花木草坪、桌椅小品、简易儿童活动设施	离住宅最远距离≤150m,≤300户设一处	200m²

2.7 环境质量保障

2.7.1 村镇示范小区应采取各种措施,提高居住环境质量的水平,以保障居民身心健康和环境卫生。

2.7.2 村镇示范小区的大气环境和声光热环境应符合下列有关规定。

2.7.2.1 村镇示范小区应与村镇的生产、商业等不同功能区域分开,要远离各种污染源和交通干道。与村镇企业间距不应少于100m,与有污染的企业不应少于800m。有污染企业要建在常年主导风向的下风侧。大气质量达到国家大气环境质量二级标准,并应减少交通噪声的干扰。

2.7.2.2 应保证住宅卫生间距,控制住宅小区的建筑密度。日照时数应不低于冬至日1h的标准。建筑密度应符合以下规定,4层及4层以上的多层住宅小区,不大于30%;3层及3层以下的低层住宅小区不大于35%。

2.7.3 应加强村镇示范小区水体的卫生环境保护措施,改造地面水体,未处理达标的污水禁止排放水体内。应保证饮水卫生,加强水源的卫生防护,避免二次污染,其水质应符合二级水(爱卫会和卫生部标准)以上的要求。住宅小区禁止明渠排泄污水,所有生活污水必须经处理达标后再排放。

2.7.4 应加强村镇示范小区内的卫生保障工作。公厕应为粪便无害化处理的卫生厕所。在公共活动场所和住宅群体设置垃圾箱或收集点,推行垃圾分类收集的方式,垃圾箱(收集点)的设置距离不大于80m。住宅小区内不宜喂养家禽(畜)。

2.8 技术经济指标

2.8.1 村镇示范小区规划的技术经济指标的内容及计算,应参照国家《城市居住区规划设计规范》(GB50180—93)的有关规定。

2.8.2 村镇示范小区规划的技术经济指标应包括用地平衡指标、小区主要指标和公共服务设施指标等三个方面,其内容应符合表2.8.2.1、表2.8.2.2、表2.8.2.3的规定。

(1)用地平衡指标

小区用地平衡表 表2.8.2.1

项 目	计量单位	数 值	所占比重(%)	人均面积(m²/人)
住宅小区规划总用地	ha	▲	—	
1.小区用地	ha	▲	100	▲
①住宅用地	ha	▲	▲	▲
②公建用地	ha	▲	▲	—

续表

项　目	计量单位	数　值	所占比重(%)	人均面积(m²/人)
③道路用地	ha	▲	▲	—
④公共绿地	ha	▲	▲	▲
2.其它用地	ha	▲	—	—

注：表中"▲"表示必填项目,下同。

(2)分项指标

小区技术经济指标　　　　　　　表2.8.2.2

项　目	计量单位	数　值	所占比重(%)
1.居住户(套)数	户(套)	▲	—
2.居住人数	人	▲	—
3.总建筑面积	m²	▲	100%
①住宅建筑面积	m²	▲	▲
②公共建筑面积	m²	▲	▲
③其它建筑面积	m²	▲	▲
4.住宅平均层数	层	▲	—
5.低层住宅比例	%	▲	—
6.人口毛密度	人/ha	▲	—
7.容积率	—	▲	—
8.绿地率	%	▲	—

(3)公建指标

小区公共服务设施项目表　　　　　　　表2.8.2.3

类　别	序　号	项　目	建筑面积	设置内容
▲	▲	▲	▲	▲

3　住宅设计

3.1　基本原则

3.1.1　村镇住宅应以现代村镇居民居住行为和生活需求为依据,确定多元多层次面积标准、设备标准和性能标准。提高住宅的居住质量,实现村镇小康型文明居住水准。

3.1.2　村镇住宅设计应处理好居住功能空间关系,满足各功能空间不同要求,减少相互干扰。实现公私分离、食寝分离、就寝分离和洁污分离。

3.1.3　村镇住宅设计应做到节地、节能和节材,积极采用节水和节电技术措施。因地制宜地开发和利用燃气、风能、太阳能、小水电等多种能源,提高优质燃料和能源的利用水平。

3.1.4 村镇住宅应具有良好的安全性和耐久性,做好结构选型,合理选用建筑材料和建筑构造。应采用统一模数,促进住宅构配件与产品的标准化。增强住宅的多样性和灵活性。

3.1.5 村镇住宅设计应根据当地的生活和文化的特征,注重保持地方的传统风貌。

3.2 户(套)型与面积标准

3.2.1 村镇住宅设计应根据村镇居民从事产业和居住生活的特点和需求,确定住宅类型和住栋型式。村镇住户可分为农业户、专业户、职工户和综合户四种户型。住宅类型可分为垂直分户和水平分户两种类型。

3.2.2 按村镇住宅的两种类型,面积建议标准分为二类三种,共6个标准。宜符合表3.2.2规定。

村镇住宅面积建议标准   表3.2.2

住宅类型	类别	使用面积(m²)	建筑面积(m²)
Ⅰ.垂直分户 (独户式)	A	70~100	90~130
	B	110~135	150~180
	C	150~180	200~240
Ⅱ.水平分户 (独套式)	A	55~70	75~90
	B	75~85	95~110
	C	90~105	120~140

注:垂直分户类型适用于农业户;水平分户适用于职工户。

3.2.3 村镇住宅设计应在保证基本功能空间的前提下,经济合理地确定辅助功能空间的内容和数量,提高空间的使用效率。村镇住宅功能空间设置应符合表3.2.3规定。

村镇住宅功能空间设置规定   表3.2.3

基本功能空间	门厅、起居室(厅)、就餐空间(餐厅)、卧室、厨房、卫生间、贮藏间
辅助功能空间	客厅、学习室、家务室、车库、家庭手工业用房、各种库房(粮、农具等)

3.2.4 住宅基本功能空间的使用面积不应低于表3.2.4的规定。

住宅基本功能空间使用面积   表3.2.4

住宅类型	类别	起居厅(m²)	主卧室(m²)	次卧室(m²)	厨房(m²)	卫生间(m²)	贮藏间(m²)	餐厅(m²)	门厅(斗)(m²)
Ⅰ.垂直分户 (独户式)	A	16	12	8	6	5	3	8	3
	B	18	14	9	7	6	4	10	4
	C	22	14	12	8	7	5	12	4
Ⅱ.水平分户 (独套式)	A	14	12	8	6	4	2	8	2
	B	16	13	8	6	5	3	9	3
	C	18	14	10	7	6	4	10	3

3.2.5 村镇住宅设计应考虑人口老龄化的需求。提倡与老人共同居住的"多代同堂"住宅的设计。

3.3 功能空间

3.3.1 每套住宅应做到功能齐全,分区明确,布局合理。提高居住空间的利用率,减少交通面积;各主要功能空间应避免互相干扰;有直接对外窗户,并应处理好房间的通风。

3.3.2 住户入口宜设入口过渡空间(门厅等),用来更衣、换鞋,放置雨具等。垂直分户类型住宅,宜考虑厨房与室外的联系,可设置辅助入口。

3.3.3 起居室应作为家庭活动中心,合理布置其位置,避免将起居室做为主要交通联系空间,方便家具的布置和空间的有效利用。

3.3.4 卧室应保证生理居住分室要求。卧室之间不得穿套,确保卧室的私密性。

3.3.5 B、C类别的住宅宜设独立餐厅,面积不小于$8m^2$,并靠近厨房和起居室。A类别的住宅可与起居室可与餐厅合并设置,并应保证空间的完整性。

3.3.6 厨房应综合处理好操作次序与设施的布置关系。厨房应与就餐空间有便捷的联系,也可与就餐空间合并为一个空间。

3.3.7 卫生间应设置于套内,并避免从厨房或餐厅直接出入。垂直分户类型住宅应分层设置卫生间。卫生间内便溺、洗浴、洗漱、洗衣等功能宜适当分离,减少相互干扰。

3.3.8 贮藏空间应根据住户的使用要求,合理确定其类别、面积和位置。贮藏空间可分为:衣物类、车辆类(家庭农用车、汽车、摩托车等)、农具类、杂贮类(燃料等)、农作物类等。

3.3.9 应根据不同的使用要求,布置阳台、露台和宅院等,考虑衣物或农作物的晾晒,并为住户提供适宜的室外生活空间,保证宅院的卫生要求和适宜的空间尺度。

3.4 设施与设备

3.4.1 应努力提高住宅的设备和设施水平,满足村镇居民的基本生活需求。

3.4.2 厨房、卫生间应采用整体设计的方法,综合考虑操作使用、设备安装、管线布置和机械排风的要求。厨房应具有自然通风和直接采光。

(1)厨房设计应配置:洗池(台)、调理台、吊柜和灶台。应有安装排油烟机的条件,宜考虑热水器的位置。厨房应设风道,采用机械排风。其操作面延长线长度应不小于2.7m。厨房设施应符合表3.4.2规定。

(2)卫生间应配置:蹲(坐)便器、洗脸器、洗浴器。卫生间宜设风道,采用机械排风;暗卫生间必须设置机械排风。卫生间设施应符合表3.4.2规定。

村镇住宅基本设施配置标准　　　　表3.4.2

名　称	级别	设　施　内　容
厨　房	一	灶台或燃气灶台、调理台、洗池、吊柜、排油烟机、冰箱位
	二	燃气灶台、调理台、洗池、吊柜、排油烟机、冰箱位、风道
卫生间	一	蹲便器、洗脸器、洗浴器、洗衣机位
	二	坐便器、洗脸台、洗浴器、洗衣机位

3.4.3 套内供水、排水、供电、电讯、燃气和供暖等管线应综合布置或预留位置。各类管线应相对集中布置,设立集中管井和水平管区,并宜预留安装空调器的条件。

3.4.4 合理配置电源,电容量应适当留有余地。设置足够数量的电器插座、电话、电视插口和给水龙头,安装位置应合理。村镇住宅电气、电讯、给水设备标准宜符合表3.4.4规定。

村镇住宅设备配置规定　　　　　　　　　表3.4.4

给水设备	给水龙头栓	厨房	1~2个(热水龙头1个)
		卫生间	4~5个(热水龙头2个)
电气设备	电器插座	起居室(厅)	2~3组
		卧室	2组
		厨房	3组
		卫生间	2~3组
电讯设备	电视插口	起居室(厅)(主卧室)	1~2个(主卧室可预留)
	电话插口	起居室(厅)(主卧室)	1~2个(主卧室可预留)

3.5 结构与室内空间环境

3.5.1 村镇住宅结构和构造应满足安全性、耐久性、经济性和施工方便的要求。结构构配件应符合标准化、模数化要求。住宅的建筑材料应达到2级以上耐火等级,住宅的安全等级应为2级以上。结构设计宜考虑空间的灵活性,满足居住生活多样性和适应性的要求。

3.5.2 积极推广采用新型墙体材料,限制使用粘土砖和普通钢木窗,宜选择气密性和水密性较好的塑钢复合材料窗等。

3.5.3 为满足住户可选择性的需求,宜采用建筑主体初装修和二次装修的建造方式。积极推广一次装修到位,住户参与装修的组织方式。

3.5.4 村镇住宅多层单元式住宅层高应不大于3m,低层独户住宅层高应不大于3.3m。

3.5.5 村镇住宅应保证室内声、光、热环境质量,住宅的室内环境质量应符合表3.5.5规定。

村镇住宅室内环境标准　　　　　　　　　表3.5.5

光环境	采光		起居室、卧室、厨房≥1/7,次要房间≥1/12(窗地比)
	照明	起居室(厅)及一般区域	30~70lx
		卧室书写阅读	150~300lx
		餐厅、厨房	50~100lx
		卫生间	20~50lx
		楼梯间	10~30lx
声环境	空气隔声		分户墙、楼板≥40~50dB
	撞击隔声		楼板≤70~60dB

续表

热环境	冬季	采暖区	16~18℃
		非采暖区	10~16℃
	夏 季		<30℃

3.6 技术经济指标

3.6.1 村镇住宅设计应包括下列技术经济指标:各房间使用面积、套使用面积、套建筑面积、各套面宽、总套数。

3.6.2 面积计算标准执行国家现有《建筑面积规则》。

附加说明

本导则主编部门、主编单位及
主要起草人和参加人名单

主 编 部 门：建设部科学技术司

主 编 单 位：中国建筑技术研究院村镇规划设计研究所

主要起草人：刘东卫、李强

修订说明

2000年小康型城乡住宅科技产业工程村镇示范小区规划设计导则修订说明

一、修订依据与基本原则

1. 修订依据

(1)《2000年小康型城乡住宅科技产业工程》实施方案。
(2)全国各部委有关村镇建设"九五～2010年"发展规则的文件。
(3)全国各地区村镇居住小区和村镇住宅实态和需求调查及分析报告。
(4)有关专家以及各地方对原《导则》试行中的意见。
(5)全国各地村镇住宅建设经验与文件。

2. 修订基本原则

(1)突出村镇特色:把握村镇居住小区与住宅本身特点。
(2)增加量化指标:提高可操作性,强调指标的技术分层,制定示范小区规划设计上必须达到的低限指标。
(3)突出示范作用:注重可操作性,避免《导则》脱离实际。
(4)解决以往突出问题:进一步明确村镇住宅存在问题,并提出相应措施。
(5)明确与《城市示范小区导则》的区别与衔接。

二、总则

1. 明确适用范围:村镇示范小区宜在经济较发达地区,即社会与经济发展水平已达到国家小康生活水平的地区,以引导全国村镇住宅建设的发展,提高村镇住宅的建设整体水平。应坚持超前性、示范性的原则。

2. 强调可持续发展原则。村镇住宅开发与建设,具有广泛的综合性,对于农业发展、生态环保、资源利用上意义重大,应注意其经济性和预见性,做出全面的安排,并使村镇示范住宅小区与村镇规划相协调。

3. 加强有关"基本方针"的条文:村镇住宅开发建设必须贯彻国家政策和方针,与乡村城市化和小城镇建设方针相结合,"统一规划、合理布局、因地制宜、综合开发、配套建设、严格管理"。

4. 村镇住宅建设不仅量大面广,并且各地区社会、经济、文化和生活有着不同的特征。应根据其所处区位特点进行合理分析,在广泛调查研究的基础上进行前期的分析策划,确定与其相适应的规划设计方针。

三、规划设计

1. 村镇住宅小区用地的选择与规划设计紧密相关,将原《导则》中"用地选择"和"规划设计"合并为一章,将"规模与用地"合并成为一节,其中包括规模分级、用地选择、用地指标等内容。

2. 根据近百个村镇小区调查和发展预测,结合小区规模特点和配套与开发建设的需要,制定了分级规模标准。

3. 考虑村镇示范小区用地控制指标无统一规定,制定了人均用地和用地平衡控制指标。较发达的地区(第一产业不占主导地位)和耕地资源短缺地区宜采用用地指标的低限值;规模较小的村庄作为示范住宅小区时,还应按照实际居住用地进行用地平衡计算。

4. "用地选择"增加"应尽可能利用荒地、坡地,不占耕地,并注意土地还耕"的条目。

5. 村镇居住小区规模较小,组织结构应视所在村镇具体情况灵活处理。可采用住宅小区—住宅组群—住宅院落,住宅小区—住宅组群,住宅小区—住宅院落及独立住宅组群等多种组织结构类型。

6. 村镇机动车种类和数量较多,对小区干扰较大,强调避免与居住生活无关农机车辆的进入。小型的生产与生活兼用车辆可按小区停车指标计算,并考虑了一定数量的预留;大型生产车辆应另辟停车场地,不计入指标。因摩托车在村镇的拥有量较高,专门作出了相应规定,其指标可与自行车合并计算。

7. 结合村镇示范小区建设实际问题,增设了道路分级和道路宽度指标规定。

8. 对住宅层数与容积率分别作出了指标规定。指标上限是为防止片面追求经济效益,而加大建筑密度的倾向,其下限是为了保证国家土地资源有效利用。

9. 低层住宅层数为2~3层,多层住宅一般为4~5层,不宜采用6层。修改原导则中"中心村住宅以低层为主,镇区住宅一般以多层低层结合为主的方式",应经济合理地确定村镇住宅的层数与容积率。

10. 村镇低层住宅量大面广,增设了低层住宅小区的有关条目。宜采用低层高密度,适当提高住宅层数到3层,控制住户宅院面积,缩小住宅面宽,提倡多户联排式的组合方式;应避免独栋式住宅,以提高土地的利用率。

11. 基础设施配套较差是村镇居住小区的主要问题之一,本导则强调基础设施的配套和适度超前。制定了两级标准,其中第一级为村镇示范小区的最低限值。

12. 结合村镇示范小区规模,制定了公共服务设施配套标准,规定了居民基本生活需求必须配建的基本项目。其中,教育类的托幼和小学校应从小区居民生活方便着眼合理进行安排,村镇示范小区中相关的第三产业设施应按配套指标的补充来考虑。

13. 考虑村镇的需求与发展,应在重视基层公共服务设施的配套的同时,提高社区物业管理设施、文化体育设施和老人活动设施的水平。

14. 增加绿地和环境设计章节,补充了不同规模小区的指标要求。对各类公共绿地尤其是老人和儿童活动场地的安排,提出设置要求。

15. 村镇住宅开发建设在环境质量上问题较多,本导则分类分项地提出了具体规定。为保证居住环境质量,制定了建筑密度控制值(指住宅建筑净密度);对村镇居住环境影响较大的垃圾、水体和污水问题也做出了专项规定。

四、住宅设计

1. 强调村镇住宅设计的节地、节能、节材措施。
2. 增设村镇住宅设计应注重有关地方风貌和景观特色的条文。
3. 根据村镇住宅特点,明确规定了户型、套型和住栋类型,即村镇住宅由户型、套型和住栋类型来确定适宜的住宅型式。村镇住宅户型分为:农业户、专业户、职工户和综合户四种;按套型又以 n 室 n 厅划分;其住栋类型分为垂直分户和水平分户两大类型。

类型		住 栋 型 式				
Ⅰ.垂直分户 (独户式)	住栋	低层独立式	低层联立式	低层联排式	多层独立·联立式	多层联排式
	要求	不宜	尚可	建议	不可	不可
Ⅱ.水平分户 (独套·单元式)	住栋	多层两户单元式	多层板式	多层点式(多户)	多层通廊式	多层复合式(水平·垂直)
	要求	尚可	建议	建议	建议	建议

4. 制定了二大类别的三级村镇住宅建议标准,以便于结合当地的居住生活方式、经济水平、家庭人口等因素,确定适宜的等级标准。

类型	户型	面 积 型		基本功能空间 (主要套型)	辅助功能空间 (主要房间)	家庭人口数
		一级	二级			
垂直分户	农业户 综合户 专业户	70m² 型	100m² 型	2DK、2LDK 3DK	S、α	2~4人
		≥110m² 型	≤135m² 型	3LDK、3LD(2)K、 3(2)LDK	S、α、2S	4~6人
		≥150m² 型	≤180m² 型	2LD(2)K、4LDK	S、α、Sα、2S	6~8人
水平分户	专业户 职工户	≥55m² 型	≤70m² 型	2DK、2LDK、3DK	S、α	2~4人
		≥75m² 型	≤85m² 型	2LDK、3DK、 3LDK	S、α	3~5人
		≥90m² 型	≤105m² 型	3LDK、2LD(2)K、 4LDK	S、α、Sα	5~7人

注:以上为住宅使用面积;S 为库房,α 为其它辅助功能空间。

5. 村镇住宅的功能空间分为基本功能空间和辅助功能空间两类。应保证满足基本居住生活空间的前提下,经济合理地确定辅助功能空间的数量与面积,防止片面追求住宅面积的倾向。
6. 增设了村镇住宅基本功能空间最小使用面积规定,以保证其空间的合理性。
7. 强调了适应老龄化需求的住宅设计。村镇住宅中与老人共同居住占有很大比例,应提倡家庭养老供养方式,搞好"多代同堂"住宅的设计。
8. 根据村镇住宅贮藏空间和住宅户外空间特点,增设了条文规定。
9. 强调提高村镇住宅设备和设施水平。对太阳能热水装置、机械排烟和空调安装等方面作出了补充规定。
10. 对原导则中缺少的厨卫给水龙头拴的设施进行了补充。

11. 合并有关条目,设置了"结构与空间环境"章节。补充了有关耐火等级、安全等级规定。

12. 村镇住宅居住者相对明确,在两阶段的建造方式中,强调推广一次装修到位,住户参与的装修组织方式。

13. 针对村镇住宅层高偏大问题,补充制定了限制住宅层高的规定。

14. 依据实际情况对《导则》中"村镇住宅室内环境标准"的指标进行了相应的调整。

附 录

一、居住组群空间围合的基本手法

1. 重复法

小区采用相同形式与尺度的组合空间重复设置,从而求得空间的统一和节奏感,并从整体上容易组织空间层次。一个住宅小区可用一种或两种基本形式,重复设置(图9)。

2. 母题法

小区空间各构成要素的组织,采用共同的母题形式或符号,以形成主旋律,从而达到整体空间的协调统一。在母题的基础上,随地形、环境及其它因素的特点而形成某些差异(图19)。

3. 向心法

将小区的各组团和公共建筑围绕着某个中心(如小区公园、村委会、文化娱乐中心)来布置,使它们之间彼此呼应而产生向心和内聚的态势以及相互间的连续性和整体感,从而达到空间的协调统一(图8)。

4. 对比法

在空间组织中,任何一个组群的空间形态,常可以采用与其它空间进行对比予以强化。在空间环境设计中,除考虑自身尺度比例与变化外,尚要考虑各空间之间的相互对比与变化,包括空间的大小、方向、色彩、形态、虚实、围合、气氛等对比。如行列式、周边式、连廊体量的对比,低层与多层的对比,联立与联排的对比,点式与板式的对比;庭院、里弄、院落、连廊式等空间组织的对比。

二、村镇住宅小区实例

1. 中心村庄

(1) 岳阳长岭花园
设计：中国建筑技术研究院

(2) 福建福清市港头镇沁塘村
设计：中国建筑技术研究院村镇规划设计研究所

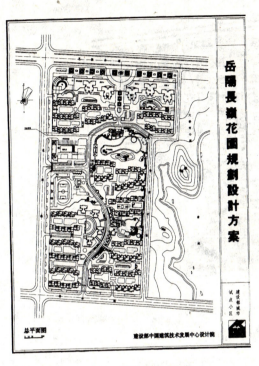

图1 岳阳长岭花园

图2 福建福清市港头镇沁塘村

(3) 福建福安市溪潭镇廉村
设计：中国建筑技术研究院村镇规划设计研究所

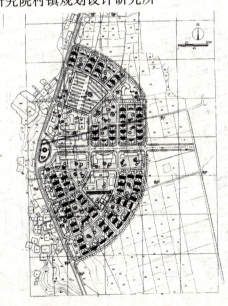

图3 福建福安市溪潭镇廉村

(4)江苏张家港市东山村
设计:同济大学城市规划设计研究院

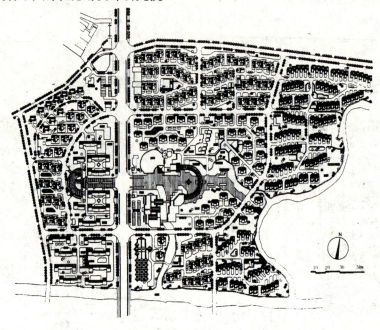

图4 江苏张家港市东山村

(5)河南开封市小岗村
设计:中国建筑技术研究院村镇规划设计研究所

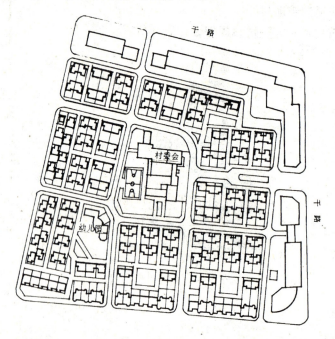

图5 河南开封市小岗村

(6) 山东淄博市东召西村
设计：中国建筑技术研究院村镇规划设计研究所

(7) 河北恒利庄园
设计：建设部居住建筑与设备研究所

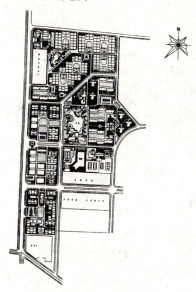

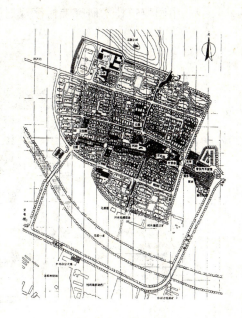

图 6　山东淄博市东召西村

图 7　河北恒利庄园

(8) 北京昌平县泥洼村
设计：中国建筑技术研究院村镇规划设计研究所

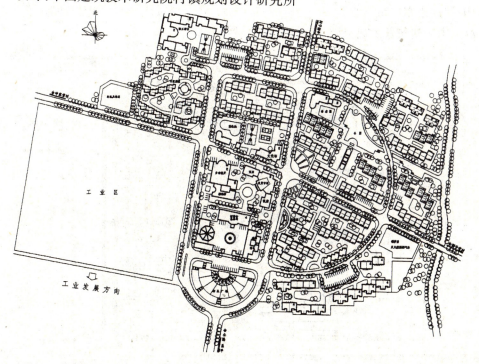

图 8　北京昌平县泥洼村

(9) 黑龙江肇东市新城乡小康住宅示范小区
设计：建设部政策研究中心建设规划设计研究所
中国建筑技术研究院村镇规划设计研究所

图9 黑龙江肇东市新城乡小康住宅示范小区

(10) 湖州市东白鱼潭小区
设计：中国建筑技术研究院

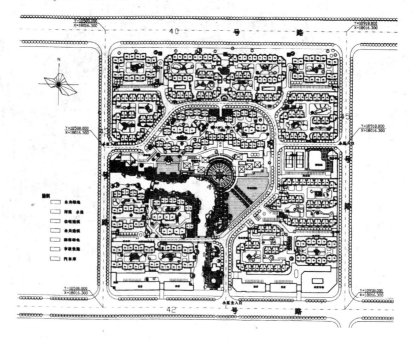

图10 湖州市东白鱼潭小区

2. 镇小区
(1)福建福州市儒江东村小区
设计:福州市规划设计研究院

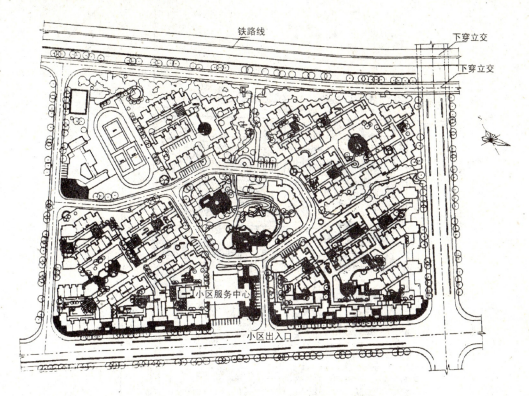

图 11　福建福州市儒江东村小区

(2)浙江绍兴寺桥村居住小区
设计:

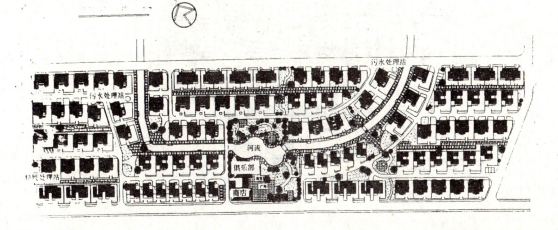

图 12　绍兴寺桥村居住小区

(3)四川广汉市向阳镇小区
设计:北京中建科工程设计研究中心

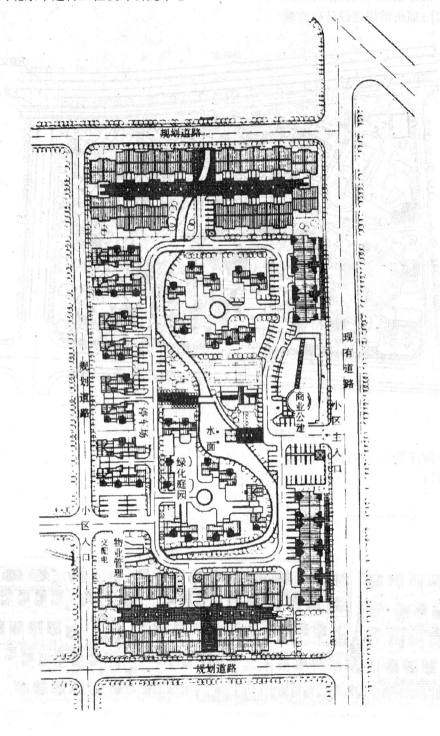

图13 四川广汉市向阳镇小区

(4)浙江义乌市东洲花园小区
设计:建设部居住建筑与设备研究所

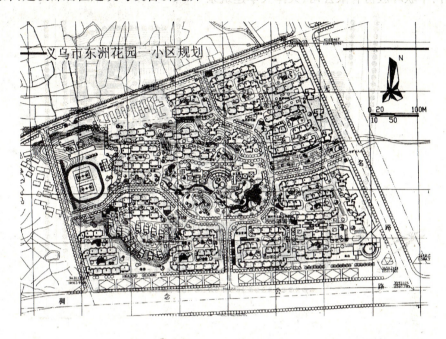

图14 义乌市东洲花园小区

(5)浙江温州市永中镇小区
设计:浙江省城乡规划设计研究院

图15 浙江温州市永中镇小区

(6)江苏宜兴市高塍镇小区
设计:中联环股份有限公司、天津大学建筑系

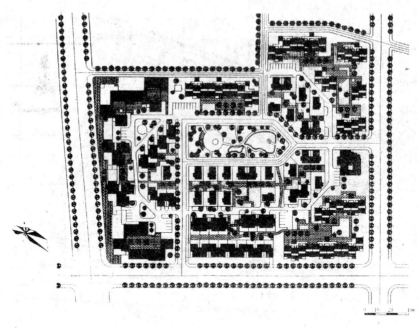

图16 江苏宜兴市高塍镇小区

(7)江苏张家港市塘桥镇青龙小区
设计:华新工程顾问国际有限公司

图17 江苏张家港市塘桥镇青龙小区

(8)河南周口地区留福镇试验小区
设计:中国建筑技术研究院村镇规划设计研究所

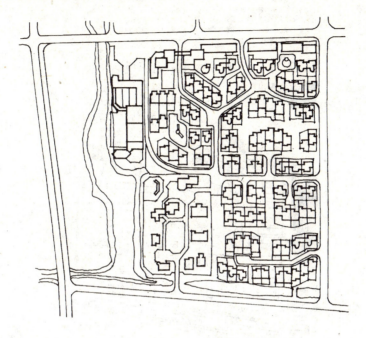

图18 河南周口地区留福镇试验小区

(9)山东淄博市金茵小区
设计:中国建筑技术研究院村镇规划设计研究所

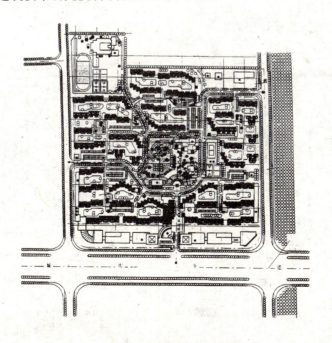

图19 山东淄博市金茵小区

(10)天津葛沽镇劳动道街坊
设计：天津市城市规划设计研究院

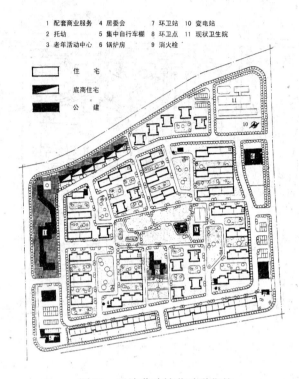

图20　天津葛沽镇劳动道街坊

(11)天津张家窝镇小区
设计：天津市城市规划设计研究院

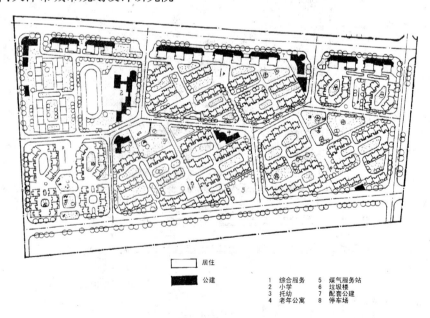

图21　天津张家窝镇小区

三、村镇小康住宅实例

1. 水平分户单元式住宅
(1)山东金茵小区住宅

1)71.25m²/套　　　　　2)88m²/套

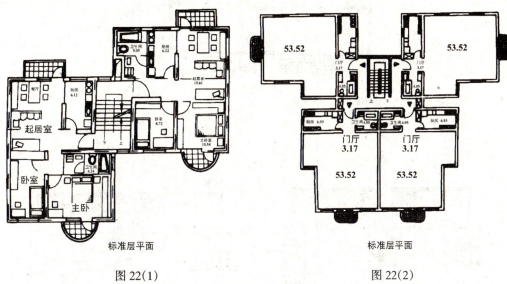

　　　标准层平面　　　　　　　标准层平面

　　　图22(1)　　　　　　　　图22(2)

(2)福州儒江东村住宅

1)87.3m²/套　　　　2)80.51m²/套,89.85m²/套

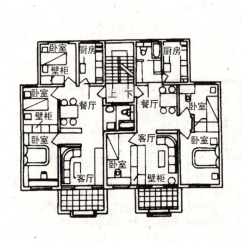
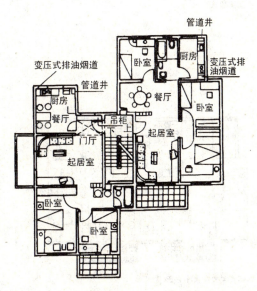

B型标准层平面图　　　　　E1型标准层平面图

　　图23(1)　　　　　　　　图23(2)

111

(3)温州永中镇小区住宅　111.7m²/套

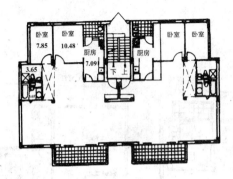

标准层（空壳）平面图

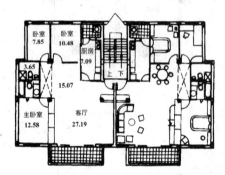

平面菜单式布置图之一

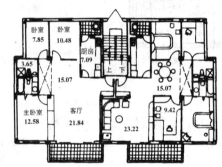

平面菜单式布置图之二

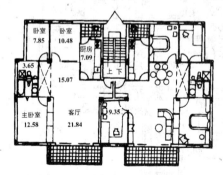

平面菜单式布置图之三

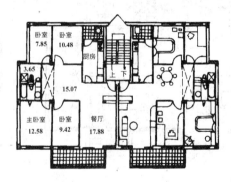

平面菜单式布置图之四

图24　菜单式灵活布局

(4)北京昌平泥洼村住宅　118.m²/套

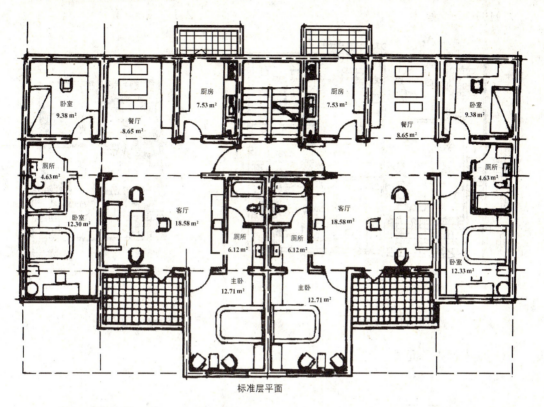

图 25

(5)张家港东山村
1)与厅平行布置　　　　　　　　2)厅两面布置

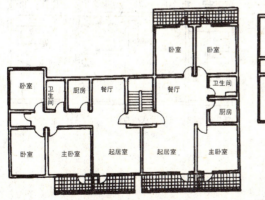
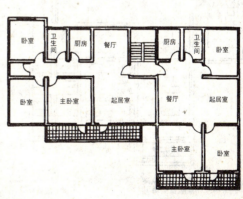

图 26(1)　　　　　　　　　　　图 26(2)

(6) 厦门黄厝农民新村
1) 197.4m²/套   2) 197.2m²/套

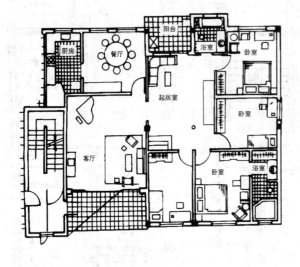
图 27(1)

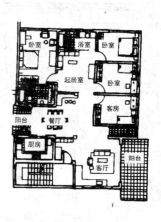
图 27(2)

(7) 实态调查单元式住宅

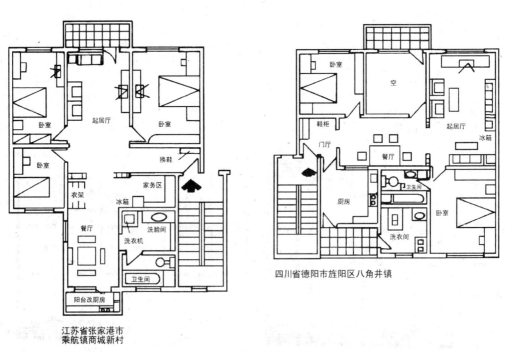

江苏省张家港市
乘航镇商城新村

四川省德阳市旌阳区八角井镇

图 28

2. 垂直分户庭院式住宅
(1)选自《村镇小康示范住宅设计方案 100 例》 115m²/户

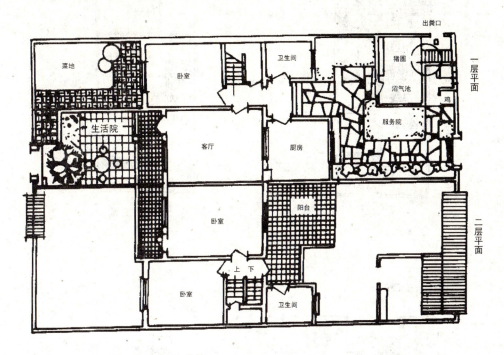

图 29

(2)河北恒利庄园住宅　　下层套型 117.3m²、上层套型 126.53m²

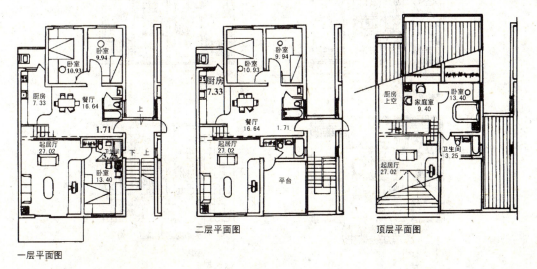

图 30

(3) 选自《村镇小康示范住宅设计方案 100 例》140m²/户

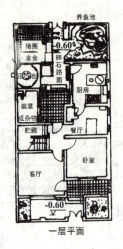
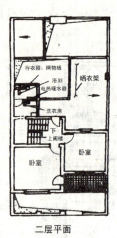

图 31

(4) 广汉向阳镇小区

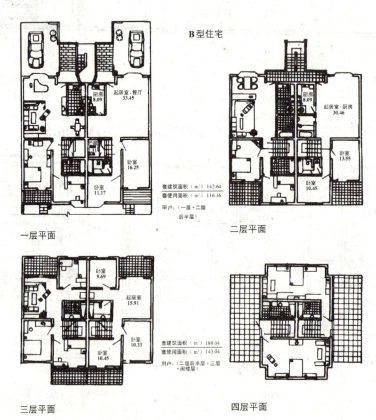

图 32

(5)北京昌平泥洼村　180m²/户　跃层式双向入口住宅

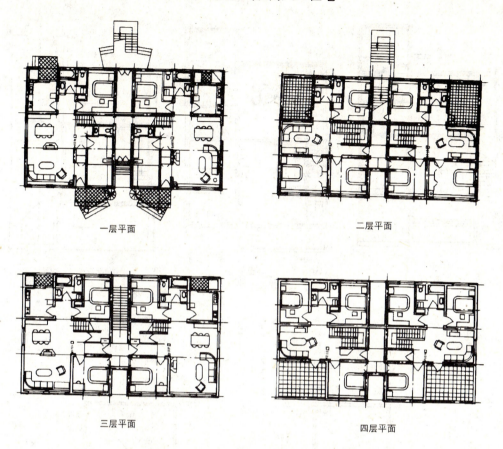

一层平面　　　　　　　二层平面

三层平面　　　　　　　四层平面

图 33

(6)选自《村镇小康示范住宅设计方案 100 例》200m²/户

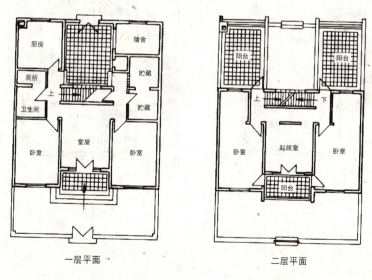

一层平面　　　　　　　二层平面

图 34

(7) 北京昌平泥洼村　219.2m²/户　多代用堂住宅

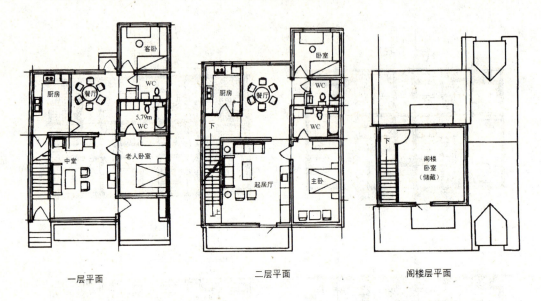

一层平面　　　二层平面　　　阁楼层平面

图 35

(8) 选自《村镇小康示范住宅设计方案 100 例》　234m²/户

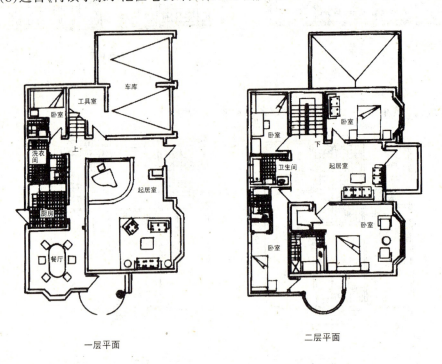

一层平面　　　二层平面

图 36

(9) 选自《村镇小康示范住宅设计方案 100 例》 258m²/户

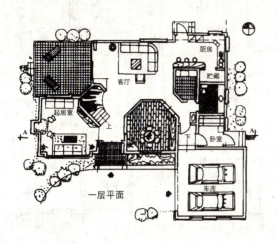
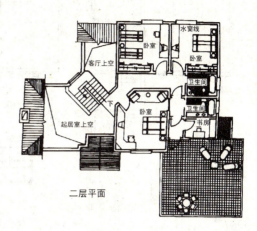

图 37

(10) 灾后重建住宅 91.8m²/户 多代同堂住宅

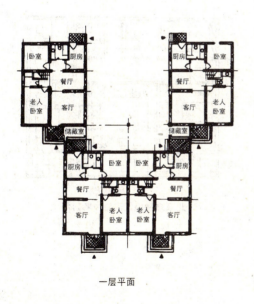
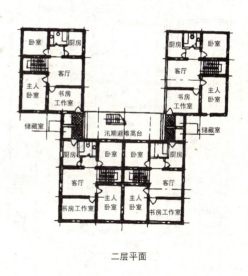

图 38

(11) 实态调查住宅平面

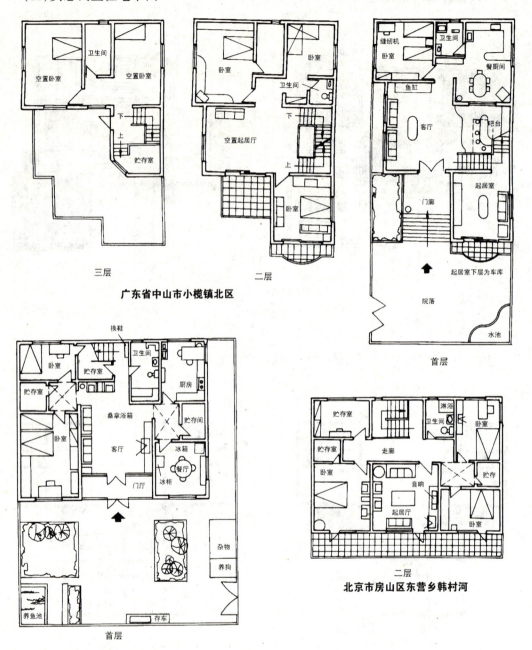

图 39

四、住宅不同的拼接方式

住宅的不同拼联可以形成不同的体形、外观,组成不同的空间形态,更好地结合环境和地形。住宅单元的拼联有以下几种基本形式。

1. 不等长拼接(图 40);

图 40 住宅单元的不等长拼接

2. 等长拼接(图 41);

图 41 住宅单元的等长拼接

3. 转角拼接(图 42);

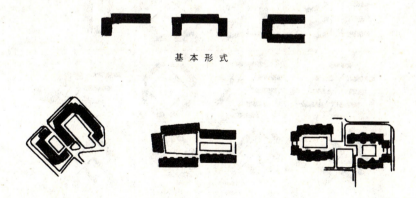

图 42 住宅单位的转角拼接

4. 锯齿形拼接(图43);

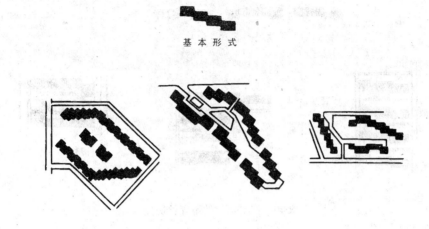

图43 锯齿形拼接

五、居住组群围合空间的基本形式

1. 长方形聚居空间布置(图44)

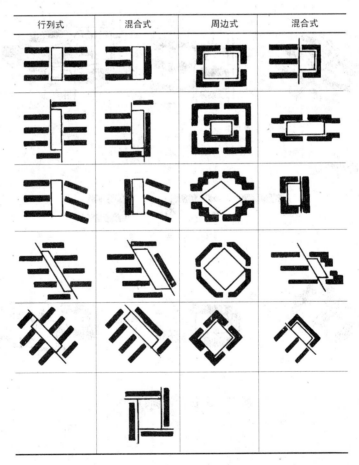

图44 长方形(含正方形、平行四边形)聚居空间布置

2. 三角形聚居空间布置(图45)

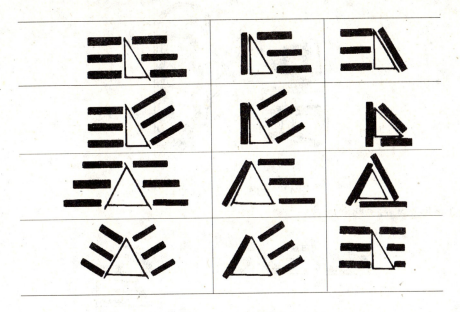

图45　三角形聚居空间布置

3. 梯形聚居空间布置(图46)

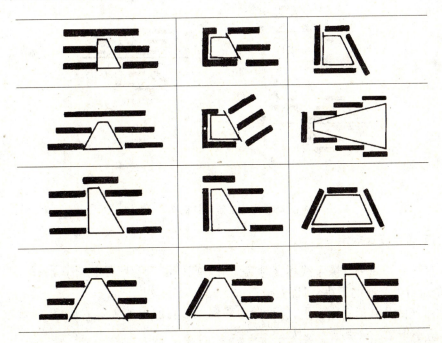

图46　梯形聚居空间布置

4. 自由式聚居空间布置(图47)

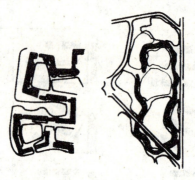

图47 自由式聚居空间布置

5. 其它形状聚居空间的围合(图48)

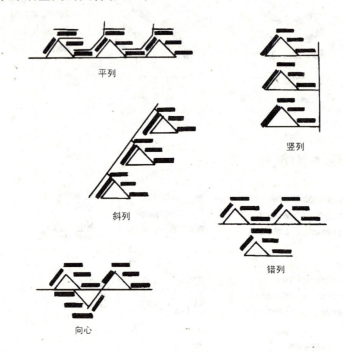

图48 居住建筑群体的组合

六、村镇小区道路设计规定

1. 小区干路与对外交通干线相交时其交角不宜小于75°,且有不少小于12m的缓冲距离,以避免对对外交通的干扰,保证安全;
2. 在小区的公共活动中心内,应设置为残疾人通行服务的无障碍通道,通行轮椅的坡道宽度不应小于2.5m,纵坡不应大于2.5%;
3. 小区内尽端路长度不宜超过120m,在尽端应设置不小于12m×12m的回车场地;
4. 当小区内用地坡度大于8%时,应辅以梯步解决竖向交通,并宜在梯步旁附设自行车推车道;

5. 在多雪地区,应考虑堆积清扫道路积雪面积,小区内道路可酌情放宽;

6. 村镇小区内道路纵坡控制指标(%):

道路类别	最小纵坡	最大纵坡	多雪严寒地区最大纵坡
小区级道路	≥0.3	≤8.0 L≤200m	≤5.0 L≤600m
组团级道路	≥0.3	≤3.0 L≤50m	≤2.0 L≤100m
宅间(巷)路	≥0.5	≤8.0	≤4.0

注:L 为坡长。

7. 村镇小区道路缘石半径控制指标:

道路类别	缘石半径(m)
小区级道路	≥9
组团级道路	≥6
宅间(巷)路	—

注:地形条件困难时,除陡坡处外,最小转弯半径可减少1m。

8. 村镇小区道路边缘至建、构筑物最小距离(m):

与建构筑物关系	道路类别	小区级道路	组团路及宅间(巷)路
建筑物面向道路	无出入口	3	2
建筑物面向道路	有出入口	5	2.5
建筑物山墙面向道路		2	1.5
围墙面向道路		1.5	1.5

注:建构筑物为低多层。

9. 村镇小区道路最小视距:

视距类别	最小视距(m)
停车视距	15
会车视距	30
交叉口停车视距	20

七、停车场(库)布置及尺寸

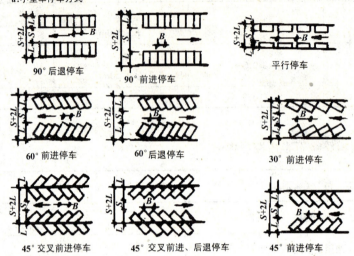

机动车停车方式与基本尺寸
a.小型车停车方式

小型车停车设计指标表

车类	停车角	停车方法	停车带宽 L(m)	停车间距 B(m)	通道宽 S(m)	单位停车宽度 W(m)	单位停车面积 V(m²)	计算公式
小型车类Ⅰ	30°	前进停车	6.1	6.6	5.0	17.2	56.8	$W = S + 2L$ $V = \dfrac{W}{2} \times B$
	45°	前进停车	6.9	4.7	5.0	18.8	44.2	
	45°交叉	前进停车	5.8	4.7	5.0	16.6	39.0	
	60°	前进停车	7.3	3.8	6.0	20.6	39.1	
	60°	后退停车	7.3	3.8	5.5	20.1	38.2	
	90°	前进停车	6.5	3.3	10	23	38.0	
	90°	后退停车	6.5	3.3	7.0	20	33.0	
	平行	前进停车	3.3	9.5	4.0	10.6	50.4	
小型车类Ⅱ	30°	前进停车	5.2	5.6	4.0	14.4	40.3	$W = S + 2L$ $V = \dfrac{W}{2} \times B$
	45°	前进停车	5.9	4.0	4.0	15.8	31.6	
	45°交叉	前进停车	4.9	4.0	4.0	13.8	27.6	
	60°	前进停车	6.2	3.2	5.0	17.4	27.8	
	60°	后退停车	6.2	3.2	4.5	16.9	27.0	
	90°	前进停车	5.5	2.8	9.5	20.5	28.7	
	90°	后退停车	5.5	2.8	6.0	17	23.8	
	平行	前进停车	2.8	7.5	4.0	9.6	36.0	

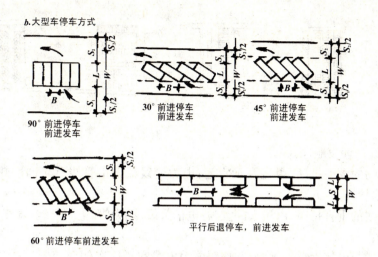

b. 大型车停车方式

大型车停车设计指标表

车类	停车角	停车方法	停车带宽 L(m)	停车间距 B(m)	通道宽 S(m)	单位停车宽度 W(m)	单位停车面积 V(m²)	计算公式
大型车类Ⅲ	30°	前进停车	8.8	7.2	4.0	13.6	97.9	$W = \dfrac{S_1 + S_2}{2} + L$ $V = W \times B$ $W = S + 2L$ $V = \dfrac{W}{2} \times B$
		前进发车	8.8	7.2	5.5			
	45°	前进停车	10.6	5.1	6.5	16.9	86.2	
		前进发车	10.6	5.1	6.0			
	60°	前进停车	11.7	4.2	9.0	19.7	82.7	
		前进发车	11.7	4.2	7.0			
	90°	前进停车	11.4	3.6	12	23.4	84.2	
		前进发车	11.4	3.6	11.9			
	平行	后退停车	3.6	15.4	4.5	11.7	90.1	
		前进发车	3.6	15.4	4.5			
大型车类Ⅳ	30°	前进停车	7.6	7.0	4.0	12.1	84.7	$W = \dfrac{S_1 + S_2}{2} + L$ $V = W \times B$ $W = S + 2L$ $V = \dfrac{W}{2} \times B$
		前进发车	7.6	7.0	5.0			
	45°	前进停车	9.0	4.95	6.0	14.8	73.3	
		前进发车	9.0	4.95	5.5			
	60°	前进停车	9.75	4.0	8.0	17.0	68.0	
		前进发车	9.75	4.0	6.5			
	90°	前进停车	9.2	3.5	10	19.1	66.9	
		前进发车	9.2	3.5	9.7			
	平行	后退停车	3.5	13.2	4.5	11.5	75.9	
		前进发车	3.5	13.2	4.5			

注：平行停车按小型车计算公式。

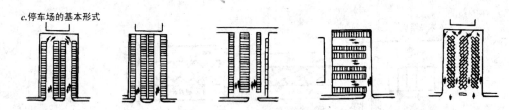

c.停车场的基本形式

八、管线综合

1. 各种管线的埋设顺序为：

(1)离建筑物的水平排序，由近及远宜为：电力管线或电信管线、煤气管、热力管、给水管、雨水管、污水管；

(2)各类管线的垂直排序，由浅入深宜为：电信管线、热力管、电力管线、煤气管、给水管、雨水管、污水管；

(3)电力电缆与电信管缆宜远离，并按照电力电缆在道路东侧或南侧，电信管缆在道路西侧或北侧的原则布置。

2. 管线之间遇到矛盾时，应按下列原则处理：

(1)临时管线避让永久管线；

(2)小管线避让大管线；

(3)压力管线避让重力自流管线；

(4)可弯曲管线避让不可弯曲管线。

3. 地下管线不宜横穿公共绿地和庭院绿地。各种地下管线之间的最小水平及垂直净距及管线及建、构物之间的最小水平间距、管线与绿化树种间的最小水平净距等可参照城市居住区管线综合设计而进行。

各种地下管线之间最小水平净距(m)　　　　表1

管线名称		给水管	排水管	煤气管			热力电管	电力电缆	电信电缆	电信管道
				低压	中压	高压				
排水管		1.5	1.5	—	—	—	—	—	—	—
煤气管	低压	1.0	1.0	—	—	—	—	—	—	—
	中压	1.5	1.5	—	—	—	—	—	—	—
	高压	2.0	2.0	—	—	—	—	—	—	—
热力管		1.5	1.5	1.0	1.5	2.0	—	—	—	—
电力电缆		1.0	1.0	1.0	1.0	1.0	2.0	—	—	—
电信电缆		1.0	1.0	1.0	1.0	1.0	2.0	1.0	0.5	—
电信管道		1.0	1.0	1.0	1.0	1.0	2.0	1.0	1.2	0.2

注：1. 表中给水管与排水管之间的净距适用于管径小于或等于200mm，当管径大于200mm时应大于或等于3.0m；

2. 大于或等于10kV的电力电缆与其它任何电力电缆之间应大于或等于0.25m，如加套管，净距可减至0.1m；小于10kV电力电缆之间应大于或等于0.1m；

3. 低压煤气管的压力为小于或等于0.005MPa，中压为0.005～0.3MPa，高压为0.3～0.8MPa。

各种地下管线之间最小垂直净距(m) 表2

管线名称	给水管	排水管	煤气管	热水管	电力电缆	电信电缆	电信管道
给 水 管	0.15	—	—	—	—	—	—
排 水 管	0.4	0.15	—	—	—	—	—
煤 气 管	0.1	0.15	0.1	—	—	—	—
热 力 管	0.15	0.15	0.1	—	—	—	—
电力电缆	0.2	0.5	0.2	0.5	0.5	—	—
电信电缆	0.2	0.5	0.2	0.15	0.2	0.1	0.1
电信管道	0.1	0.15	0.1	0.15	0.15	0.15	0.1
明沟沟底	0.5	0.5	0.5	0.5	0.5	0.5	0.5
涵洞基底	0.15	0.15	0.15	0.15	0.5	0.2	0.25
铁路轨底	1.0	1.2	1.0	1.2	1.0	1.0	1.0

各种管线与建、构物之间的最小水平间距(m) 表3

管线名称		建筑物基础	地上杆柱(中心)	铁路(中心)	村镇道路侧石边缘	公路边缘	围墙或篱芭
给 水 管		3.0	1.0	5.0	1.0	1.0	1.5
排 水 管		3.0	1.5	5.0	1.5	1.0	1.5
煤气管	低 压	2.0	1.0	3.75	1.5	1.0	1.5
	中 压	3.0	1.0	3.75	1.5	1.0	1.5
	高 压	4.0	1.0	5.00	2.0	1.0	1.5
热 力 管		—	1.0	3.75	1.5	1.0	1.5
电力电缆		0.6	0.5	3.75	1.5	1.0	0.5
电信电缆		0.6	0.5	3.75	1.5	1.0	0.5
电信管理		1.5	1.0	3.75	1.5	1.0	1.5

注:1. 表中给水管与村镇道路侧石边缘的水平间距1.0m适用于管径小于或等于200mm,当管径大于200mm时应大于或等于1.5m;

2. 表中给水管与围墙或篱芭的水平间距1.5m是适用于管径小于或等于200mm,当管径大于200mm时应大于或等于2.5m;

3. 排水管与建筑物基础的水平间距,当埋深浅于建筑物基础时应大于或等于2.5m;

4. 表中热力管与建筑物基础的最小水平间距对于管沟敷设的热力管道为0.5m,对于直埋闭式热力管道管径小于或等于250mm时为2.5m,管径大于或等于300mm时为3.0m,对于直埋开式热力管道为5.0m。

管线与绿化树种间的最小水平净距(m) 表4

管 线 名 称	最小水平净距	
	乔木(至中心)	灌 木
给水管、闸井	1.5	不 限
污水管、雨水管、探井	1.0	不 限
煤气管、探井	1.5	1.5
电力电缆、电信电缆、电信管道	1.5	1.0
热力管	1.5	1.5
地上杆柱(中心)	2.0	不 限
消防龙头	2.0	1.2
道路侧石边缘	1.0	0.5

九、我国部分地区建筑朝向表

地 区	最 佳 朝 向	适 宜 范 围	不 宜 朝 向
北京地区	南偏东30°以内;南偏西30°以内	南偏东45°以内;南偏西45°以内	北偏西30°～60°
上海地区	南至南偏东15°	南偏东30°;南偏西15°	北、西北
石家庄地区	南偏东15°	南至南偏东30°	西
太原地区	南偏东15°	南偏东至东	西北
呼和浩特地区	南至南偏东;南至南偏西	东南、西南	北、西北
哈尔滨地区	南偏东15°～20°	南至南偏东15°;南至南偏西15°	西北、北
长春地区	南偏东30°;南偏西10°	南偏东45°;南偏西45°	北、东北、西北
旅大地区	南、南偏西15°	南偏东45°至南偏至西	北、西北、东北
沈阳地区	南、南偏东20°	南偏东至东、南偏西至西	东北东至西北西
济南地区	南、南偏东10°～15°	南偏东30°	西偏北5°～10°
青岛地区	南、南偏东5°～15°	南偏东15°至南偏西15°	西、北
南京地区	南偏东15°	南偏东25°,南偏西10°	西、北
合肥地区	南偏东5°～15°	南偏东15°,南偏西5°	西
杭州地区	南偏东10°～15°	南、南偏东30°	北、西
福州地区	南、南偏东5°～10°	南偏东20°以内	西
郑州地区	南偏东15°	南偏东25°	西北
武汉地区	南偏西15°左右	偏东15°	西、西北
长沙地区	南偏东9°左右	南	西、西北
广州地区	南偏东15°,南偏西5°	南偏东22°30′;南偏西5°至西	
南宁地区	南、南偏东15°	南偏东15°～25°;南偏西5°	东、西
西安地区	南偏东10°	南、南偏西	西、西北
银川地区	南至南偏东23°	南偏东34°;南偏西20°	西、北
西宁地区	南至南偏西30°	南偏东30°至南;南偏西30°	北、西北

续表

地 区	最 佳 朝 向	适 宜 范 围	不 宜 朝 向
乌鲁木齐地区	南偏东40°;南偏西30°	东南、东、西	北、西北
成都地区	南偏东45°至南偏西15°	南偏东45°至东偏北30°	西、北
重庆地区	南、南偏东10°	南偏东15°;南偏西5°、北	东、西
昆明地区	南偏东25°~50°	东至南至西	北偏东35°;北偏西35°
厦门地区	南偏东5°~10°	南偏东22°30′;南偏西10°	南偏西25°;西偏北30°
拉萨地区	南偏东10°;南偏西5°	南偏东15°;南偏西10°	西、北

注:表1~表4中之规定若与最新行业标准有出入,应以最新行业标准为准。

十、不同方位住宅间距折减系数

方 位	0°~15°	15°~30°	30°~45°	45°~60°	>60°
折减系数	$1.0L$	$0.9L$	$0.8L$	$0.9L$	$0.95L$

注:1. 正南向为0°。
    2. L—当地正南向标准日照间距。

参考文献

1 詹可生著.住宅建筑优化设计.上海:上海科学技术出版社,1984.6
2 中国小康住宅示范工程集萃 1、2.北京:中国建筑工业出版社,1997.2
3 村镇小康示范住宅设计方案 100 例.哈尔滨:黑龙江科学技术出版社,1998.6
4 小康型住宅设计.杭州:浙江科学技术出版社,1995.8
5 邓述平、王仲谷主编.居住区规划设计资料集.北京:中国建筑工业出版社
6 民用建筑技术经济指标——城市居住小区.北京:中国计划出版社,1996
7 仲德崑等整理.小城镇的建筑空间与环境.天津:天津科学技术出版社,1993.3
8 李元主编.生存与发展——中国保护耕地问题的研究与思考.北京:中国大地出版社
9 贾有源主编.村镇规划.北京:中国建筑工业出版社
10 朱建达编著.当代国内外住宅区规划实例选编.北京:中国建筑工业出版社,1996.1
11 白德懋著.居住区规划与环境设计.北京:中国建筑工业出版社,1993.5
12 建设部城市住宅小区建设试点综合评价内容(实施方案)
13 杨善勤编著.民用建筑节能设计手册.北京:中国建筑工业出版社,1997.8
14 陕西省建筑设计研究院编.建筑材料手册(第四版).北京:中国建筑工业出版社,1997.4